JN232412

これからの老犬生活のカギは「気づいてあげる」こと

愛犬と暮らし始めて、どのくらいの歳月がたちますか？　毎日、散歩に連れていき、食事を用意する。休日には、のんびりじゃれあって過ごす。そんな穏やかな日々の中で、人が年をとる以上のスピードで、愛犬は年をとっています。

老犬と呼ばれる7歳を過ぎても、ピンピンしている犬はたくさんいます。しかし、飼い主さんが「うちのコはまだ若い」と思い込んでいても、じつは愛犬の体の中では老化が確実に進んでいます。また、せっかく老化のサインに気づいても「このコももう年ね」と思うだけですませてしまう飼い主さんもいます。診察室で「もっと早く気づいていれば」「すぐに連れてきたらよかった」と悔いる声を聞くたび、私も残念に思います。

愛犬の老化に早く気づいてあげること、そしてその変化に応じてお世話の内容を少し変えてあげること。これがこれからの老犬生活をすこやかに保つカギ。あなたのちょっとした気づかいで、愛犬は元気な老犬生活を楽しめます。

老化のサインをキャッチするために、一般的に老齢期といわれる7歳前後からは、それまで以上に体や行動の変化をチェックしましょう。体の中の老化を知るためには、定期的な健康診断が必要だということも、ぜひ心にとめておいてください。

完璧な介護より オーダーメイドの 介護を目指そう

老化は病気ではありませんが、老化による内臓などの衰えは病気への入口になります。犬の病気は進行が早く、わずか一週間ほどで寝たきりになるケースもめずらしくありません。

そうしていざ介護が始まると、いつも犬のお世話をしているママが、そのコツをつかめないままがんばり過ぎるケースが多いようです。実際、うちの病院が老犬のデイケアを始めたのは、介護に追われて家事も外出もできなくなったママとの出会いからでした。病院でのデイケアやアドバイスで元気を取り戻し、自宅で介護と生活を両立できるようになった姿を見て、ラクに介護を続けることの大切さ、介護する人をサポートする体制やアドバイスの必要性を実感しました。介護と健康診断のできる往診用の車の導入や、介護のアドバイスを行う健康相談の充実など、若山動物病院の老齢医療の試みは、これがきっかけになっています。

もし介護する日がきたら、あれもこれもとがんばり過ぎず心にゆとりをもつことが大切です。あくまで質は高く保ちながら、手を抜くところは抜いて、愛犬に合ったオーダーメイドの介護を目指しましょう。この本では、その日に備えて知っておきたい介護方法や、介護をちょっとラクにするコツなどを紹介していきます。

老犬生活 index

老犬生活で「困った！」「どうしたらいい？」が発生。
そんなときはこのページをチェック！

CONTENTS

CONTENTS

6章 老化現象と間違えないで

早く気づいて ひどくさせない老犬の病気

■撮影協力

A
PET LOVE

B
Pet Paradise 代官山店

C
DOG CLUB IST 新宿ルミネエスト店

D
PEPPY
フリーダイヤル 0120-121-979
(月～土 9：00～19：00、日・祝 9：00～17：00)
ホームページ http://www.peppynet.com/
※ホームページ、もしくは動物病院に置いてある
カタログでご注文ください。

E
花王（株）消費者相談センター
TEL 0120-165-696

F
（株）プルナマインターナショナル
〒150-0001
東京都渋谷区神宮前 4-24-23-101
TEL 03-5411-7872

P003 ボーンチョーク、DOG・TOYボンボ〈青〉、DOG・TOYサイバーボーン〈グリーン〉（すべて問／C）、木のおもちゃ（問／B）
P005 DOG'N'DOGリバーシブルバンダナ（問／A）

Special Thanks

三橋トーマス
12歳・♂

津嶋くるみ
13歳・♀

中臺ナナ
21歳・♀

中臺ジョン
21歳・♂

津嶋エイスケ
8歳・♂

清宮三郎
10歳・♂

白石バド
11歳・♂

白石タビィ
11歳・♀

久保チェリー
5歳・♀

佐々木ピックル
6歳・♂

安藤 麦
7歳・♀

白石パッチ
8歳・♀

中村ランボ
1歳・♂

花島茶葉《ちゃば》
3歳・♀

加藤愛薇《あいら》
4歳・♀

1章

老化のサインをキャッチせよ！

～愛犬のSOSに気づけるママでありたい～

犬の老化のスピードは人間よりはるかに速い

7歳前後にはシニアの仲間入り

獣医療の発達や生活環境の向上のおかげで、犬の寿命はぐんぐん延びています。しかし、人間より早く老化することに変わりはありません。一般的には、人の年齢に置き換えると、犬は最初の1年で17歳、次の1年で23歳に成長。それからは1年ごとに、人間でいえば4年ぶんずつ年をとっていくといわれています。

　人間の赤ちゃんがやっと歩き始めるころに、犬は思春期で初恋の真っ盛り、保育園の間で出産し、小学生のころにはすでに不惑の中年に、

人間の年齢に換算すると…
人間
0歳
おぎゃあ
1歳
はじめて
あんよができた!
犬
0歳
クンクン
17歳
ドキドキ
はじめての
デートで

そして中学生になったころには、犬は人でいうところの年金生活が始まる老齢に。7歳前後でシニア世代の仲間入りというのが目安で、人間なら白髪が目立ち始めたり、体力の衰えや生活習慣病が気になりだすころといえます。

また寿命は、大型犬になるほど短くなり老化も早まる傾向があります。しかし同じ7歳、同じ犬種でも個体差は大きいものです。人間でも40代で生活習慣病にかかる人もいれば、60歳を過ぎても元気にマラソンをしている人もいるでしょう。犬も同じです。

愛犬がいつまでも長く元気に過ごせるように、あなたに何ができるか、老犬生活について考えてみましょう。

2歳
毎日楽しく保育園へ
7歳
勉強に遊びに忙しい小学生時代
13歳
中学生で初恋
ラブレターを受け取ってもらえますように
23歳
結婚！そして娘が誕生
44歳
娘が結婚！そろそろ老犬生活がスタート
68歳
悠々自適の老犬生活
年金

※年齢はあくまでも目安です。老化のスピードは、犬の個体差や環境などによって違いがあります。一般的に中型犬で7歳前後、大型犬で5歳前後からが老犬の仲間入りといわれています。

犬の老化現象ってどんなもの？

ママが気づく外見の老化

7歳を過ぎたからといって、ある日を境に急に老犬になるわけではありません。しかし老いはゆっくりと確実に進行して、いつかはママがはっきり気づく日がきます。一般的には視覚、聴覚、嗅覚の順に衰えるといわれていますが、ママが最初に気づくのは、おそらく外見からわかる老化でしょう。

お腹がたるんできた、お尻の筋肉が落ちてなんとなく後ろ姿が寂しそうになった、毛やひげに白髪が出てきた、あごの筋肉が落ちてやさしそうな顔になった、歯が抜けた、目がにごってきたなど、老化のきざしは体格や顔つきに現れてきます。

また行動がおとなしくなった、これまでは平気だった段差につまずく、名前を呼んでも反応がにぶい、そばに人がきても気づかない、散歩と聞いても喜ばなくなった、といった行動の変化からも、老化を感じとることがあるでしょう。

体内の老化は見逃すケースも

老化は、犬の体内でも進んでいます。年をとると内臓機能や代謝も衰えていって、消化不良を起こしたり、肝臓や腎臓などの病気にかかったりすることがあります。ホルモンの分泌も変化するため、甲状腺機能低下症などホルモン関連の病気も増えてきます。

　歩き方が変わってきたなど、単に老化と片づけがちな行動も、じつは椎間板や関節の病気にかかっていて、その痛みが原因になっているということもあります。また基礎代謝が低下して運動量も減っているのに、食事の質や量が変わらないことが肥満につながるなど、体内の老化現象が外見の変化にも影響してくるということもあるのです。

　こういった体内で進行する老化現象は、治療可能な病気の場合もあるのですが、老化との線引きが難しくて見逃されるケースもあります。定期的な健康診断や血液検査で発見されることも多いようです。

老化ってなに？

　動物の体を形づくっているのは細胞です。この細胞は、常に新しいものとの入れ替わりが行われています。これを新陳代謝といい、人間の肌の角質細胞なら、入れ替わりのサイクルはおよそ30日といわれています。動物の成長期には新陳代謝は活発に行われますが、加齢によってしだいに衰えていき、入れ替わりが遅くなって、老化へとつながっていくのです。年をとると、筋肉疲労の回復や傷が治るのに時間がかかるのも、そのためです。

老化に早く気づいて寝たきりにさせない!!

体の状態に合わせて お世話のやり方を変える

老化そのものを止めることはできませんが、進行のスピードを遅らせることはできます。老化のサインに気づいたら、若いころとはお世話のやり方を変え、愛犬の体調に合わせてあげることで、老化のスピードをゆるめてあげましょう。

たとえば食生活です。下痢をするなど消化機能に衰えがみられたら、消化・吸収のいいフードに替えてみる。逆に太ってきたら、基礎代謝の低下が考えられるので、食事から脂肪分を減らしてみる。このような気づかいが胃腸や肝臓

の病気を未然に防ぎ、さまざまな病気の引き金になる肥満の防止に役立ちます。

また体力の衰えを感じたら、自転車での引き運動はやめて散歩だけにする。足元がふらつくなら、床に滑りどめのマットを敷くなど、運動機能の衰えに応じた配慮も大切です。過激な運動をさせないことで体力を保持し、転倒などの事故から愛犬を守ることができます。

老化は、病気がともなっているとあっという間に進行します。立てなくなったのを放置していたら、関節や腱がこわばって「フセ」すらできなくなり、体がカチカチに固まってしまうことも。この状態から寝たきりになるまでに、それほど時間はかかりません。病気の徴候を見つけたら、早期治療を心がけましょう。

愛犬の老化度をチェック！

P020～025は、愛犬の体の状態や行動から老化度合をチェックできるテストを紹介しています。ひとつでもYESにチェックがついたら要注意。愛犬の運動や食事の内容、住まいの環境などを見直していきましょう。

また老化のサインと病気のサインは、似ているものがたくさんあります。YESにチェックがついたら、老化なのか、病気なのかを見極めるために、かかりつけの獣医師に相談してみてください。

ママだから
気づける！
老化のサイン

ボディの変化をチェック!!

愛犬の老いの徴候に早く気づくには、元気なうちからのボディチェックが必要不可欠。見て、触って、ママだからこそ気づける小さなサインも逃さずキャッチしましょう。

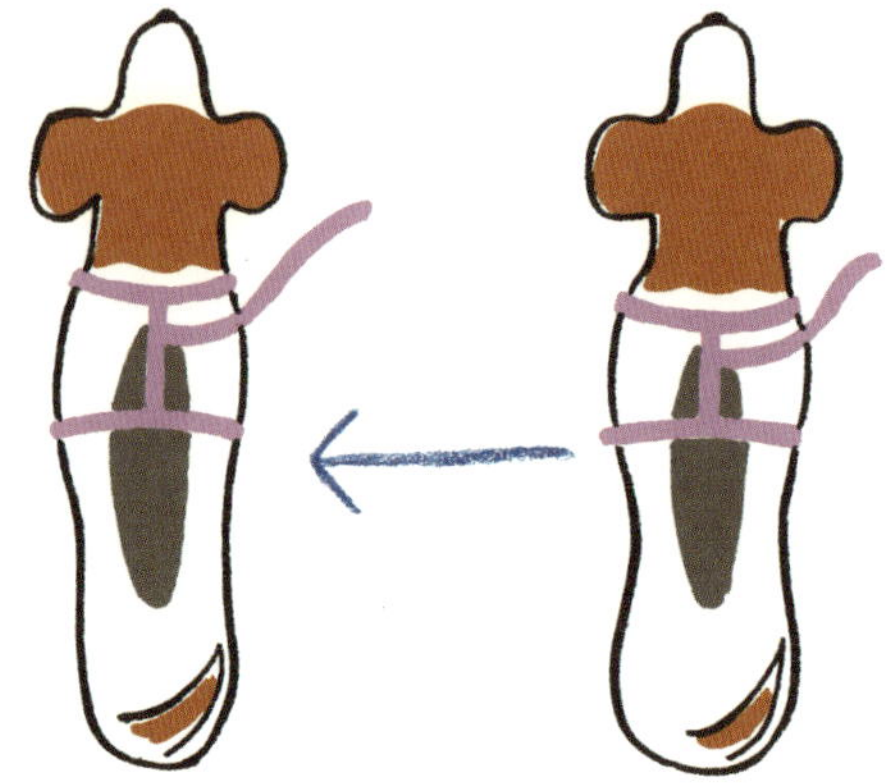

① お尻が小さくなってきた

YES □ NO □

丸みを帯びてピンと張ったお尻は、筋肉が落ちることで、骨張って四角い印象に。真上から犬を見ると上半身にくらべお尻だけが小さく見えます。

② 白髪が目立ってきた

YES □ NO □

鼻、口、眉あたりから白髪になってきて、全身の毛まで退色が進みます。もともとの毛色が白かったのであれば、ツヤがなくなってパサついた状態が目立ってきます。

3 目が白くにごる

YES □ NO □

老化にともなう目のトラブルが増え、瞳孔の奥が白くにごる白内障などの症状が出ます。

4 体形が変わってきた

YES □ NO □

消化・吸収の機能が衰えると、栄養不良になってやせてきます。逆に基礎代謝が低下するため、肥満になるコも。

5 イボができる

YES □ NO □

顔や足先を中心に、体にイボができます。イボは皮膚の老化がかなり進んできたしるしです。

6 フケが出る

YES □ NO □

皮膚がうるおいを失って乾燥しやすくなることや、甲状腺の機能低下などが原因でフケが出ます。

7 抜け毛が増える

YES □ NO □

換毛期がある犬種の場合、新陳代謝の活性が落ちて長期にわたりダラダラと抜け続けるようになります。

8 口が臭い

YES □ NO □

歯に歯石がつき、歯ぐきが赤く腫れるなど、歯周病の症状が起きやすくなります。口が臭くなります。

ママだから気づける！
老化のサイン

行動の変化をチェック!!

いつもの散歩コースで、のんびりくつろぐリビングで、ふとした犬の行動の変化から、老化のサインを見つけることも。よく観察してみましょう。

1 後ろ足だけ歩幅が狭くなってきた

YES □ NO □

歩行中、前足は普通の歩幅なのに、後ろ足の歩幅が狭くなっていたら、腰や後ろ足に痛みを感じているサインです。

2 呼ばれても反応しないことがある

YES □ NO □

聴力が衰えてきて音が聞きとれないことも。関心の低下から、面倒になって反応しないこともあります。

③ 物にぶつかるようになった

YES □ NO □

視力が低下すると物にぶつかることがあります。筋力の低下や脳神経の異常が原因のことも。

④ 立ったり座ったりに時間がかかる

YES □ NO □

背骨まわりに痛みがあったり、股関節やひざの関節などの曲げ伸ばしが不自由になってきたりしているしるしです。

⑤ 息がきれる

YES □ NO □

散歩中なら、体力の衰えからきています。安静時にも呼吸が苦しそうなときは、循環器の病気のことも。

⑥ あまり遊ばなくなった

YES □ NO □

体のどこかに不調があるか、好奇心を失う、無関心になるなどの、心の老化のサインです。

⑦ おもらしをするようになった

YES □ NO □

オシッコのたまった感覚がわからなくなったり、排尿をコントロールしにくくなったりするのは老化のきざしです。

⑧ 触れられるのを嫌がるようになった

YES □ NO □

気難しくなって、体に触れられるのを嫌がるように。触れられると痛い場合も、同様の反応をします。

ママだから気づける！
老化のサイン

排せつ物の変化をチェック!!

オシッコ、ウンチをチェックすれば、老化で起きやすくなる泌尿器や消化器のトラブルなど、内臓の様子を知る手がかりがつかめます。

1 赤っぽい

オシッコが赤いのは、血液が混じっている証拠。出始めからずっと血が混じる場合は腎臓、あとから血が混じる場合は膀胱、など血の混じり方でトラブルの起きている器官がわかります。

YES □　NO □

2 にごっている

老犬になって免疫力が落ちると、膀胱炎などにかかりやすいもの。このときのオシッコは色に透明感がなく、にごっています。不純物が混じってドロッとしている感じです。

YES □　NO □

3 いつもと違うにおいがする

普段よりも強い、甘い、すっぱいなど、においの違いが気になるのは、トラブルの前兆の場合が。

YES □　NO □

4 ちゃんと出きっていない

老化によりオシッコを出すための筋肉が衰えると、出きっていないことが。排尿後に膀胱に触れるとまだ張っていたり、したそうなそぶりをしたりします。

YES □　NO □

5 回数が増えたり減ったりしてきた

以前とくらべて１日の回数や、１回の量が、多過ぎたり、少な過ぎたりしないかを確認しましょう。

YES □　NO □

オシッコチェックの仕方

外で排せつをする場合は、オシッコの変化に気づきにくいもの。またペットシーツの上で排せつする場合も、微妙な変化に気づかないことがあります。オシッコに白いティッシュをつけてみたり、透明の使い捨てコップなどで採ってみたりして、色やにおいを確認しましょう。

①
ゆる過ぎたり固過ぎたりしている

大腸の吸収機能が衰えると、水分が多くてやわらかいウンチが出ることがあります。ぜん動運動が弱まると、固くコロコロしたウンチが出ることも。

YES □　NO □

②
消化されていないものが混じっている

老化によって消化機能が衰えてくると、ウンチに食べたものがそのままの形で出てきたり、ツブツブがたくさん混じったりします。

YES □　NO □

③
いつもと違うにおいがする

同じフードを与えていれば、いつもと同じにおいがするはず。いつもよりにおいが強い、腐ったようなにおいがする場合は要注意。

YES □　NO □

④
粘液・粘膜が混じっている

ウンチの表面がテカテカしたり、ゼリー状にドロドロしたりしていたら、粘液や粘膜が混じっている場合が。

YES □　NO □

⑤
赤っぽい、または黒っぽい

大腸からの出血なら中や表面が赤っぽく、小腸などからの出血なら全体的に黒っぽいウンチ（血便）が出ます。

YES □　NO □

⑥
ちゃんと出きっていない

老犬は、腸のぜん動運動が弱まるため、ウンチを出しにくくなる傾向が。出きっていないときは、ウンチの量が少なく、排便後でもお腹が張っていたり、まだウンチをしたそうなそぶりをしたりします。ウンチが極端に細くなることも。

YES □　NO □

血便と間違えやすいウンチがある！

大腸内に長くウンチが留まっていると、ウンチの表面だけが黒くなることがあり、血便と見間違えやすくなります。ウンチを割って断面を見たときに、表面だけ黒く、中身が茶色だったら心配ないでしょう。

愛犬手帳をつけよう

「母子健康手帳」には、赤ちゃんの体重や身長をつけたり、健康診断の結果や予防接種を受けた日を書いたりしますよね。それと同じように、愛犬用につけたいのが「愛犬手帳」。

治療内容が書いてある明細や、予防接種のレシート、血液検査の結果などの紙をペタペタと貼るだけでもOK。急きょ、いつもと違う病院で受診するときにも便利です。また寝たきりになったとき、育児日記風に排せつなどのタイムスケジュールを書いておいたら、介護のタイミングがつかめてラクになったという例もあります。

専用の手帳も売られていますから、ママなりのスタイルを見つけて、愛犬の健康管理に役立てましょう。

2章

かん違いの老犬生活が犬を早く寝たきりにさせる！

～変えるべきは、考え方だった～

Check!!

正しいと思っていた老犬生活が じつは愛犬の「老化」を 早めていたとしたら……

Check1

足腰が弱ってきたから
散歩や運動を減らす

NG
くわしくは
筋力キープ
P030へ

Check2

疲れそうだから
ほかの犬との接触はなるべくさける

NG
くわしくは
刺激
P040へ

Check 3

年をとると肥満になりやすいから
ごはんの量はセーブする

NG

くわしくは
健康ごはん
P046へ

Check 4

落ち着いて眠れるように
人けのないところに寝床をつくる

NG

くわしくは
快適な住まい
P054へ

Check 5

嫌がるようなら
体にはむやみに触らないほうがいい

NG

くわしくは
ボディケア
P062へ

筋力キープ

muscular power keep

足腰が弱ってきたら適度な運動で筋力をキープ

年だからといって運動をやめないで！

年をとると、今まで活動的だった犬でも散歩に行くのを嫌がったり、ボール遊びがうまくできなくなったり、運動に変化のきざしが見え始めます。そんなとき「そろそろ運動はやめようかな」と考えるママも多いでしょう。

しかし、足腰や体力に衰えが見え始めたからといって運動をやめてしまうと、血液循環が悪くなったり、体の関節やじん帯がこわばったりします。こうなると筋肉が細くなり、歩いたり、物を飛び越えたりなどの日常の動作がうまくできなくなるかもしれません。さらに筋力が落ちると、自分で立ち上がることができなくなり、早く寝たきりになってしまうこともあるのです。

また老犬になると、代謝が落ちて太りやすくなります。このとき体重を減らそうとして、人間と同じように食事制限をすることがありますが、食事の調節だけでは減らしたい脂肪だけではなく、キープしておきたい筋肉も落としてしまうことになります。脂肪を効果的に落とす意味でも、適度に運動をさせてあげるのがいちばんです。

人間だって、毎日散歩をしたり、ときどきゴルフを楽しんだり、ひざに負担のかからない水泳をしたり……、老いてもそれなりに運動している人は元気ですよね。老化を遅らせ、健康を維持するためにも、愛犬の体力に合ったスタイルを選んで運動を続けさせていきましょう。

P030　ブルーマット（問／B）

筋力キープ

muscular power keep

散歩をしながら寝たきりを防ごう

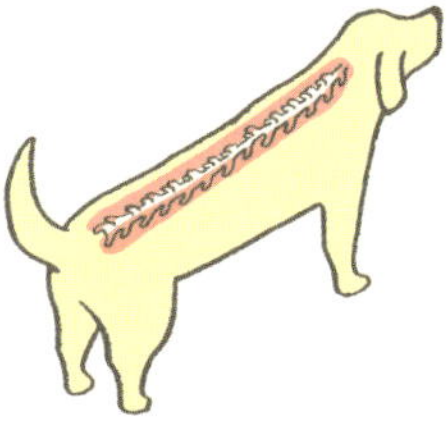

寝たきりを防ぐために
鍛えたい筋肉はココ！
背骨の上にくっついている筋肉は、立ち姿勢を維持するのに重要なもの。この筋肉が衰えると、寝たきりになりやすい。

筋力キープのコツは ムリのないウォーキング

筋力をキープするといっても、特別な運動をする必要はありません。散歩をするだけでも、足腰や背骨まわりの筋肉（上図参照）は鍛えられ、寝たきりになるのを防ぐことができます。排せつを終えたらすぐ帰るのではなく、散歩の時間をしっかりとってあげましょう。

歩くのをおっくうがるようなら、いつもと違う散歩コースをたどったり、途中で犬の集まる公園に立ち寄ってみたりするのもよい方法です。ちょっと工夫して、犬のやる気を引き出しまし

muscular power keep

散歩をおっくうがるのは、ママが犬を歩かせることだけに専念しているからかもしれません。「ほら、鳥が飛んでるね！」などと話しかけながら歩いたり、途中でほかの犬と触れ合える場所に立ち寄ったりして、散歩が楽しくなる演出をしましょう。またママ自身も散歩を義務だと思わず、心から楽しむことが大切ですよ。

寝たきりへの悪循環

老犬になると…

犬が散歩をおっくうがるようになる
↓
飼い主が散歩の時間や回数を減らす
↓
筋力が衰える
↓
寝たきりになる

Check!!

足腰が不自由になっても散歩をやめないで

散歩中に後ろ足のふらつきが目立つようになったら、散歩具を首輪からハーネスに切り替えて散歩を続けましょう。犬がガクッと倒れそうになったときに支える場合も、ハーネスなら首への負担が少なく安心です。普段は自分の力で歩かせて、危ないときだけ補助しましょう。

よう。

ただし、若いころと同じ距離やコースの散歩を続けていると、体にムリがかかってくることもあります。状態をみながら、距離を短くする、坂道や段差はさけるなど、調整しましょう。夏なら涼しい朝・夕の時間帯、冬なら午後の暖かい時間帯に行く、雨の日や風の強い日、体調が悪そうなときは休むなど、臨機応変に対応することも大切です。

筋力キープ
muscular power keep

老犬を上手に散歩させる5つのキーワード

01
オーダーメイドの散歩スタイルをつくる

老化にともなう健康状態や体力の変化をみながら、散歩スタイルを変えていきましょう。長い距離が歩けなくなったら、途中で休憩を長くとる、時間は短くして回数を増やす。足腰が弱ってきたら、じゃり道、側溝、階段など苦手な箇所をさける。視力が衰えたら明るいうちに散歩をすませるか、コースを変えないなど、愛犬の状態にぴったりの散歩スタイルを見つけてください。

時間帯は、夏は涼しい朝夕、冬は暖かい午後にすると老犬の体に負担をかけません。特に循環器にトラブルがあるなら、上記の時間帯がおすすめです。

muscular power keep

02

散歩の前は ウォーミングアップを

家の中ではおとなしくても、外に出たとたん、はしゃいで走りだしたりしませんか？　急な運動は、心臓や関節の負担になることがあります。散歩に出かける前に、軽く体をほぐすウォーミングアップをしておくといいでしょう。リードをつけて部屋の中を歩かせたり、庭で早歩きさせたりする程度で十分ですが、場合によっては、関節を軽く曲げ伸ばしするなどのストレッチをさせても。体の状態や好みによって工夫してみてください。

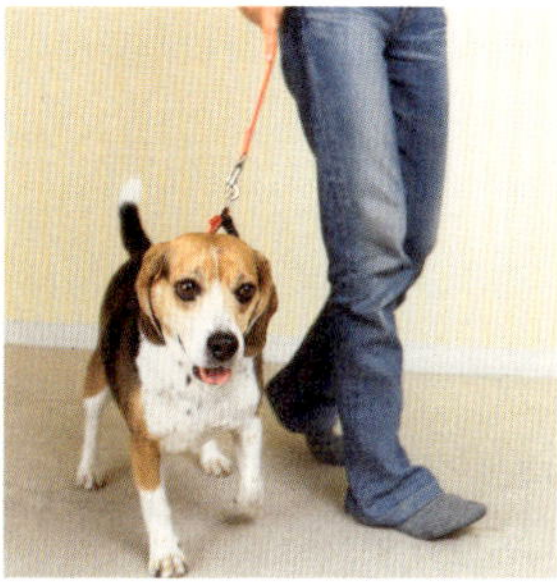

03

歩くだけでなく 途中で遊びを取り入れる

犬が自分から気持ちよく体を動かせるように、散歩の途中で遊びの時間をつくりましょう。ボールが好きなコなら、目の前にボールを転がしてじゃれさせたり、虫が好きなコなら「あそこに虫がいるね」などと声をかけて犬の注意を引き、一緒に昆虫を追いかけて眺めてみたり……。そんな遊びの時間が、散歩を楽しくさせて体と脳を刺激します。散歩コースの途中に、いくつか遊べるポイントを見つけておきましょう。

04

持病がある場合は散歩エリアを狭くする

心臓や椎間板などに持病がある場合は、自宅を起点にして違う道を選びながら、行っては戻りを繰り返して散歩させます。こうすると、長い時間を歩ける日も途中で切り上げたい日も、早く自宅に戻れます。同じコースをグルグル回るより、違う道を散歩できるぶん新鮮な気分に。

コースの選び方例

スペシャル 1時間コース 赤＋青＋黄＋緑	愛犬の体調がいい日は、4色のルートをすべて回る1時間コースを。
ベーシック 30分コース 赤＋黄	ポチくんに会いたい、ドッグカフェに寄りたいなど、その日の気分で2色のルートをチョイス。
クイック 15分コース 緑	ママの時間がとれないときは、1色のルートだけでもOK。

muscular power keep

05 水分補給を心がけて

体を動かして体温が上がると、犬は舌から水分を蒸発させて体温調節します。老犬になると若いころのように激しい運動をしなくなる傾向にありますが、特に夏は歩いているだけでも舌から水分が蒸発し、水分は失われていきます。どこで休憩をとってもすぐ飲ませられるように、水と携帯用の水入れは普段から持ち歩いて、こまめに水分補給してあげましょう。できれば冬場は体が冷えないよう、ぬるま湯を飲ませるのがおすすめです。

Check!!

散歩中に排せつをさせている場合、室内へ移行できるとラクになります

老いてきたら、見直してほしいのが排せつの場所です。抱っこしないと外出できないほど足腰が弱っても、どんなに悪天候の日も、排せつのために散歩が必要という声を聞きます。しかしそれを毎日ずっと続けるのは、犬にもママにも大きな負担に。習慣を変えるのは大変ですが、これから先のことを考えると、室内でさせるのがベター。しつける方法を考えてみましょう。

室内排せつへの移行法の例

Step1

犬が外で排せつを始めたら、「ワンツー、ワンツー」などの指示語をいう。

→

Step2

Step1を何度か繰り返したら、排せつのタイミングに外で指示語をいい、指示語で排せつできるようトレーニング。

→

Step3

室内で指示語をいい、排せつができたらたくさんほめて、散歩へ。

筋力キープ
muscular power keep

散歩ができない日は室内遊びで大満足

室内遊びの時間が体も心もイキイキさせる

雨の日や、ママの都合がつかなくて散歩に行けない日に、ぜひ行ってほしいのが室内遊び。

遊び方はいろいろですが、大切なのは愛犬に体を動かそうという気持ちを起こさせること。そしてその中で楽しい時間を一緒に過ごすことです。

遊びを始める前に、足を滑らせたり、ぶつかったりするものがないか、室内を点検してください。

遊ぶときのポイントは、ママも一緒に楽しんで、たくさんほめてあげること。ママの気分は犬にも伝わります。興奮させ過ぎない程度に、心にも刺激を与えてあげましょう。

muscular power keep

宝捜し

見〜つけた！
クンクン

家具の下に
フードを隠すと

宝を求めて嗅覚や視覚を働かせ、自然に体を動かす遊びです。とびっきりのお気に入りフードやおやつを宝物にすると、老犬にもやる気が出ます。最初は見つけやすいベッドの下など簡単な場所に隠して捜させます。やる気が出てきたら、ソファの上など少し高いところ、家具の陰など見つけにくい場所へ隠しましょう。

かくれんぼ

家具の陰などに隠れたあなたを捜させてコミュニケーションを楽しむ遊び。ポイントはあなたの演技力。ちょっと隠れてみせる、ちょっと逃げるなど、うまく愛犬の興味を引いて捜させましょう。家具の陰から顔を出して「いないいないばあ」して誘ってもＯＫ。愛犬がそばに寄ってきたら、喜んでたくさんほめてあげてください。

ママ、どこ〜？

どうやったら
とれるかな？

知育玩具

ガリガリ。
う〜ん、おいしい

知育玩具は、中にフードを隠せるおもちゃ。フードを取り出そうとして、足で転がしたりくわえて振り回したりと工夫して遊ぶことが、愛犬の脳を刺激します。ボケ防止にもおすすめです。フードを詰めるだけのシンプルなタイプや、フードの出る量を調節したり、表面にチーズを塗ったりできるタイプがあります。

P038　DOG・TOYパステルハート、サイバーボーン（どちらも問／C）、DOG' N' DOGリバーシブルバンダナ（問／A）

刺激

stimulation

気持ちの高ぶりが老犬を若返らせる

楽しいドキドキが若さのヒケツ

犬が年老いてきたからといって、刺激の少ない穏やかな生活の繰り返しがいいのかというと、そうともいえません。

人間でも、熟年以降の生活は昔にくらべどんどんアクティブになっています。定年後、マリンスポーツにチャレンジして若返ったとか、おばあちゃんが若いスターのファンになって元気になったとか、そういう例はたくさんありますね。犬にとっても、ある程度の刺激は必要です。脳や体を刺激するようなドキドキ体験や気持ちの高ぶりが、老犬の若返りのきっかけになることもあるのです。

ドキドキすれば、それだけでも血液の循環がよくなり、ホルモンの分泌が盛んになるかもしれません。また気持ちが動けば、気持ちと一緒に自分の体も動かそうとします。これがいいのです。

目新しいおもちゃにワクワクすれば、転がして遊ぼうとするでしょう。散歩中に気になるものを見つけたら、においをかごうとそばに近づいていくかもしれません。ドッグランでちょっかいを出してくる相手がいたら、一緒にじゃれあって遊んだり、追いかけっこを楽しんだりすることもあるでしょう。いつもと少しだけ違う散歩道、遠出して遊びに行った場所にドキドキ体験は待っています。そして動くきっかけになるような楽しいドキドキが、犬を若返らせます。

P040　右：Canine エジプシャンリード、左：FIA ドットハーネス、FIA ドットリード（どちらも問／A）

刺激

stimulation

恋する気持ちが若返りの特効薬に！

恋に落ちても、そっぽを向かれても、心がドキドキする感じが気持ちを若返らせます。

散歩中の出会いや同居犬でコミュニケーションを増やす

気持ちを動かすのにいちばん効果的なのは恋をさせること。人間でも恋をすると、会いに行きたくて行動的になるように、異性の犬の存在は大きな刺激やパワーになります。

散歩やドッグランの機会を利用して、新しい出会いを演出しましょう。恋人に会いたい、そう思う気持ちが散歩を楽しくします。恋人でなくても、一緒に散歩する親友、母性や父性を刺激する子ども代わりの犬、リーダー気質の犬ならライバルとの出会いが、外の世界を刺激的にします。こうして気分を若返らせ、走り回る気

stimulation

力をよみがえらせましょう。
飼い主さんに飼えるゆとりがあるのなら、同居犬を迎えてみても。ただし人間でも、わずらわしい恋人よりも気軽な同性の友人と過ごすほうが楽しいという人や、嫌いな相手と付き合うくらいならひとりがいいという人もいるように、犬にも性格や相性があるもの。同居犬を迎えるときは、犬の性格や相手との相性をよく考えてあげましょう。

Check!!

多頭飼いのメリットとデメリット

■メリット

老犬　遊びに誘われて運動量が増える。食事やトレーニングへの意欲がわく。

若犬　生活ルールを学習できる。落ち着くきっかけを与えてもらえる。

飼い主　老犬が亡くなったとき、ペットロスから早く回復できる。

■デメリット

老犬　若い犬に振り回されて、疲れやすくなったりイライラしたりすることも。

若犬　老犬に合わせた生活スタイルで、運動不足や欲求不満に陥りがちに。

飼い主　食事などのお世話やしつけが増えて、体力的・経済的な負担が大きい。

同居犬との暮らしは相性が決め手。いい相手と出会えたら、第二の青春がよみがえるかも。

Check!!

刺激の度合はママがコントロールを

刺激が強すぎると老犬を疲れさせる原因に。たとえばドッグランで、興奮し過ぎているようならほかの犬から離して休憩を入れるなど、ママが上手にコントロールしてあげましょう。

刺激

stimulation

若さを保つには愛犬に合った「いい刺激」が効く！

感覚を刺激する遊びが脳を活性化させる

あなたの愛犬には趣味がありますか？

土を掘る。穴や秘密の場所に何かを隠す。地面の虫を眺める。猫を追いかける。音の鳴るボールにじゃれつく。草むらに鼻を突っ込んでにおいをかぎ回る。少し高いところに上がって、じーっとあたりの景色を眺める。犬の趣味にもいろいろ個性がありますね。

人間でも、絵画や音楽、外国語の勉強など趣味がある人は、年をとってからも張りのある生活が送れますが、それは犬も同じ。趣味は五感を刺激して、衰えてきた感覚のトレーニングにもなり、脳を活性化させます。視覚、聴覚、触覚、嗅覚、味覚。そのどれかが衰えても、残された感覚で楽しい時間が過ごせるように、犬をよく観察して趣味を見つけてあげましょう。

　また、ハンドサインを使ったコマンドトレーニングに挑戦しても。覚えられるかどうかより、挑戦することそのものがいい刺激となり、若返りにつながりますよ。

Check!!

趣味を見つけて一緒に楽しむことがいい刺激に！

犬の趣味を見つけてみよう

- ●地面に穴を掘って鼻を突っ込む
- ●ほかの動物にちょっかいを出す
- ●犬小屋など高い場所に上がって周囲を観察
- ●電柱や草むらでにおいをかぎ回る
- ●フードの入ったおもちゃで遊ぶ
- ●水たまりに入ってバシャバシャ遊ぶ
- ●音楽を聴く

犬以外の動物との触れ合いも

犬との付き合いは苦手でも、ほかの動物となら刺激しあってうまくやっていける犬もいます。追いかけっこしたり、一緒に散歩したり、じゃれたりがお互いにとっての趣味になることも。ただし、これも同居犬を飼うときと同様に、犬の性格や相性をよく考えて判断しましょう。

健康ごはん
health meal

7歳からの食事は「量」ではなく「質」を見直す

量を減らすだけでは栄養不足になりがち

「うちのコ、お腹がポッコリしているのよね」「あごのあたりが二重になってきて……」。7歳を過ぎたころから気になり始めるのが「肥満」です。年をとってくると、運動量が減り筋肉も減ってくるため、基礎代謝は低下します。それなのに若いころと同じ量の食事を摂っていると、いわゆる「中年太り」になってしまいます。

年をとったら食事を見直す必要があるのは、人間も犬も同じです。とはいえ、これまで与えていたフードの量を減らしてカロリーを抑えるだけでは、栄養不足になってしまいます。では、どの

ボウル（問／B）、お食事トレー（問／C）

ように見直していったらいいのでしょうか。

老犬の健康を保つには シニアフードがいちばん

老犬の食事のポイントは、量を減らすのではなく、脂肪分の多いものを控えること。また加齢にともなう消化機能の低下を考え、吸収性にすぐれたたんぱく質を摂りたいものです。そこでおすすめなのがシニアフードです。

シニアフードは、老犬に不足しがちなミネラルやビタミン、カルシウムなどがしっかり入っていますし、吸収性にすぐれたたんぱく質が配合されている。カロリーも低めに抑えられているので、運動量の減った老犬の肥満防止にも役立ちます。

「老犬には手づくり食を」と考えるママも多いようですが、手づくり食で老犬に必要な栄養素をすべて補うのは非常に難しいもの。健康を保つには、老犬に必要な栄養素を手軽にバランスよく補える「シニアフード」が最適といえるでしょう。

手づくり食 VS シニアフード

手づくり食

メリット
- 飼い主と同じ食材を使える
- いろいろなメニューをつくれる

デメリット
- カロリー計算がしにくい
- 老犬に必要な栄養素をすべて補うのが難しい
- 必要栄養素をすべて摂ろうとすると量が増える

シニアフード

メリット
- 老犬に必要な栄養素がすべて入っている
- 消化しやすくつくられている
- 保存しやすい
- 食事に手間がかからない

デメリット
- 保存料などの添加物が入っている

シニアフードにはいつから切り替える？

フード切り替えのコツ
ある日を境に突然シニアフードに切り替えると、食べない犬もいます。最初は、これまでのフードの1/5程度をシニアフードに替えるところからスタートし、徐々にその割合を増やしていきましょう。

7歳前後に切り替えを考えよう

個体差はありますが、7歳を過ぎたころから老化のサインが少しずつ現れ、心臓病、肝機能障害、がんなど、老犬に多くみられる病気が増えてきます。ペットフードの分類で通常7歳からを「高齢期」としているように、このころがシニアフードへの切り替え時期です。

また、見た目には若々しくても、内臓の機能が衰えている場合もあります。それなのにこれまでと同じ食事を与えていると、内臓に負担をかけてしまうのです。「うちのコは若いから大丈夫！」と安心せず、5歳を過ぎたころに一度動物病院で健康診断を受け、検査の結果などをふまえながら、シニアフードへの切り替え時期を考えるといいでしょう。

良質なフードを見分けるコツ

ショップにはいろいろなシニアフードがあって、選ぶのに迷うことも。
下の条件を少しでも多く満たしたものを選べればベストです。

賞味期限が表示されている
人間の食品と同様、ドッグフードも新鮮なのがいちばん。賞味期限のチェックは必須です。

お客様窓口が明記してある
問い合わせ専用の回線を設けるのは、飼い主さんに誠意ある対応をしようという会社の姿勢の現れといえます。

「総合栄養食」と表示されている
必要栄養素が満たされていない、「一般食」などを食べ続けると栄養失調になる場合も。

原料が表示されている
アレルギーなど、愛犬の体質に合ったものを選びやすい点からも、原料表示のチェックは大切です。

商品管理のよいお店で選ぶ
どんなに良質のフードも、屋外など、直射日光の当たる場所に積み上げられて売られていれば、品質は劣化してしまいます。

大粒をチョイス
噛むことは歯周病対策につながります。噛まないと飲み込めない大粒タイプがおすすめ。

不適切な表示に注意！
「無添加」は、食品添加物や飼料添加物をまったく使用していない場合以外には表示できません。添加していない内容成分と一緒に、「○○○は使用していません」という表現はできます。

老化を防ぐ食生活の3つのキーワード

01
食べてくれない……
そんなときは好物をトッピング

栄養バランスがよく高品質のドッグフードでも、犬の好物とはかぎりません。これまで慣れてきた味からの切り替えがうまくいかなかったり、食欲が落ちたりすることもあります。

そのときは、肉のゆで汁を少しかけるとか、ウエットタイプのフードなど、基本のドッグフードに好物をトッピングして食欲をアップさせましょう。また食事場所を変えるだけでも、気分が変わって食べることもあります。

食べ始めるものの、途中でやめてしまう場合は、歯が抜けていたり、口内炎などができていたりなど別の理由も考えられます。長く続くようでしたら、動物病院で受診しましょう。

02
脂肪分の多いものは与えない

シニア向けの食事で気をつけたいのが、脂肪分を控えて低カロリーにすることです。特に注意したいのはおやつ。せっかくシニア用のドッグフードに食事を切り替えても、ジャーキーなど脂肪分の多いものをおやつとして与え過ぎていることがあります。

血液検査で肝機能が低下しているという結果が出たあと、1か月間ジャーキーを断ったら、それだけで正常になったという例もあるほど、食事の内容は内臓の状態に大きく影響します。与え過ぎには注意しましょう。

health meal

03
サプリメントで栄養を補給

健康に不安なことが出てきたら、サプリメントがおすすめです。サプリメントは薬ではありませんが、成分によって特定の症状を改善する効果が期待できます。関節の老化防止に効果があるといわれているサプリメントを飲ませたら、「元気になり過ぎて散歩が大変になった」というママがいるほど、劇的な変化がみられたケースも。効果が出てくるまでには1か月くらいはかかるので、気長に試してみてください。

老犬におすすめのサプリメント

こんな症状に効果的	サプリメントの名称	特　徴
関節の老化対策	グルコサミン	甲殻類のキチン質からつくられ、軟骨の修復や関節炎の痛み、腫れの緩和に効果があります。
	コンドロイチン	サメの軟骨などからつくられ、軟骨などの補修を助け、関節炎症状の緩和に効果があります。
老化防止	EPA	魚に含まれる不飽和脂肪酸。血栓の防止やボケの問題行動の抑制に効果があります。
	DHA	魚に含まれる不飽和脂肪酸。コレステロール対策やボケの問題行動の抑制に役立ちます。
	コエンザイムQ10	体内の細胞にある補酵素。抗酸化作用や免疫システムの活性化などで老化を防止します。
視力の衰えを予防	ルテイン	カロチノイドの一種で抗酸化作用が高く、目を保護し、水晶体や網膜の酸化を抑制します。
	ベータカロチン	緑黄色野菜に含まれる黄色色素。ビタミンAに変化し、目の疲れをとり粘膜を保護します。
肝機能改善	Sーアデノシルメチオニン	アミノ酸の一種。肝臓に必要な抗酸化物質グルタチオンを生成して、肝機能を改善します。

犬用のサプリメントは下記のホームページでご購入になれます。
Nyanとかシロ通販部 http://shop.dr-wan.com

太り始めた老犬には体にやさしいダイエットをさせよう

老犬の肥満は百害あって一利なし

人と同様、犬の肥満も心臓病、糖尿病などの病気を引き起こすことがあります。また、体の重さで関節などに過度の負担がかかり、椎間板ヘルニアなどのリスクも高まります。それだけに、太り始めた老犬にはダイエットが必要です。

しかし減量させようとしてフードの量をやみくもに減らしては、必要な栄養までが不足します。すると筋肉や体温維持に必要な脂肪までが落ち、老犬の体力を低下させます。老犬には左ページのようなダイエットをさせましょう。

肥満度チェック

左記のチェックで肥満、超肥満が疑われたら、ダイエットの必要あり。ただし適正体形は、犬種などにより差があるので、ダイエットを始める前に、獣医師に診断してもらうといいでしょう。

	超肥満体形	肥満体形	理想体形
横から見ると……	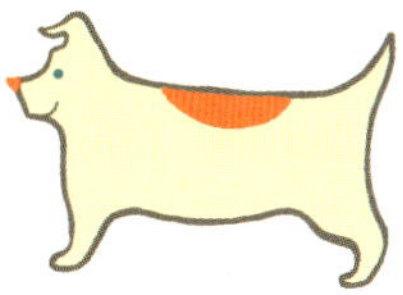		
上から見ると……		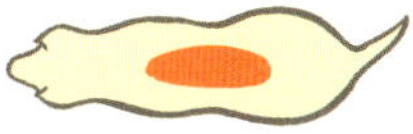	
体形別特徴	胸部や背骨、首や脇腹まで厚く脂肪がつき、脇腹を押してもろっ骨に触れられません。胴のくびれはまったくありません。	胴のくびれがほとんどないため、コロコロした印象です。脇腹を強く押さないと、ろっ骨を確認できません。	脇腹のあたりを触ってみると、簡単に皮膚の上からろっ骨に触れられます。胴のくびれもはっきりしています。

老犬ダイエットの行い方

体力の落ちている老犬には、過激なダイエットは禁物です。左のように段階を踏みながら、徐々に減量すること。こまめに体重をチェックして体重が一気に減り過ぎないよう注意しましょう。

SteP1 運動の時間をきっちりとってあげよう

老犬だからと運動の時間を減らしていませんか？ 過度な運動にならないよう気をつけながら、運動の時間をきっちり確保しましょう。

SteP2 おやつを減らそう

運動量は変えずに、おやつの量だけを減らします。体重オーバーの原因がおやつのあげ過ぎなら、これだけで体重が減っていきます。

SteP3 おやつをなくそう

おやつを完全にストップ。ごほうびはおやつからフードに切り替えを。ごほうびのフードは、一日ぶんのフードから取り分けて与えます。

SteP4 フードの量を5％減らす

運動時間も確保し、おやつもやめたのに体重が減らないなら、一日ぶんのフード量を5％程度減らします。

●体重の量り方●

★抱っこできる場合

「犬を抱っこして体重計にのったときの重さ」－「飼い主さんの体重」

★抱っこできない大型犬の場合

「犬の両前足を体重計にのせたときの重さ」÷ 0.7

※この測定法で算出される体重は、あくまで目安です。

快適な住まい

comfortable
welling place

老いた体にやさしく寂しがらせない環境づくりを

住まいは家族と触れ合える場所に

老犬にやさしい住まいを用意してあげること。これも幸せな老犬生活を送らせるために重要なことのひとつです。

老化で不安がつのる老犬にとって、家族はこれまで以上に大切な心のよりどころになります。家族を恋しく思う気持ちは強くなり、そばに家族がいないことを寂しく思う犬が増えてきます。

そんな老犬の心の変化に応じて、家族の姿が見えて声が聞こえる場所に、愛犬の専用スペースをつくってあげましょう。外飼いしている犬も、コミュニケーションが増えるように、できれば室内飼いに切り替えてあげるといいですね。

老いた体にもやさしい住まいに

老化にともない、当然体の不具合も生じてきます。足が衰える、体温の調節が難しくなる、視力や聴力が落ちるなど、障害の様子は犬それぞれ。愛犬に快適な暮らしをさせるには、そのときどきの体の状態に合わせて、住まいの環境を整えることが大切です。

室内飼いしてきた場合でも、住まいを見直してみましょう。事故が起きないように、目や足腰に配慮した安全対策を考えてあげることはもちろん、室温や湿度は適切か、専用スペースでゆっくりと過ごせているかも気をつけてあげましょう。

P054　ケンネル（問／A）、デビュカラー（問／C）、はな柄タオルケット（問／B）

快適な
住まい
comfortable dwelling place

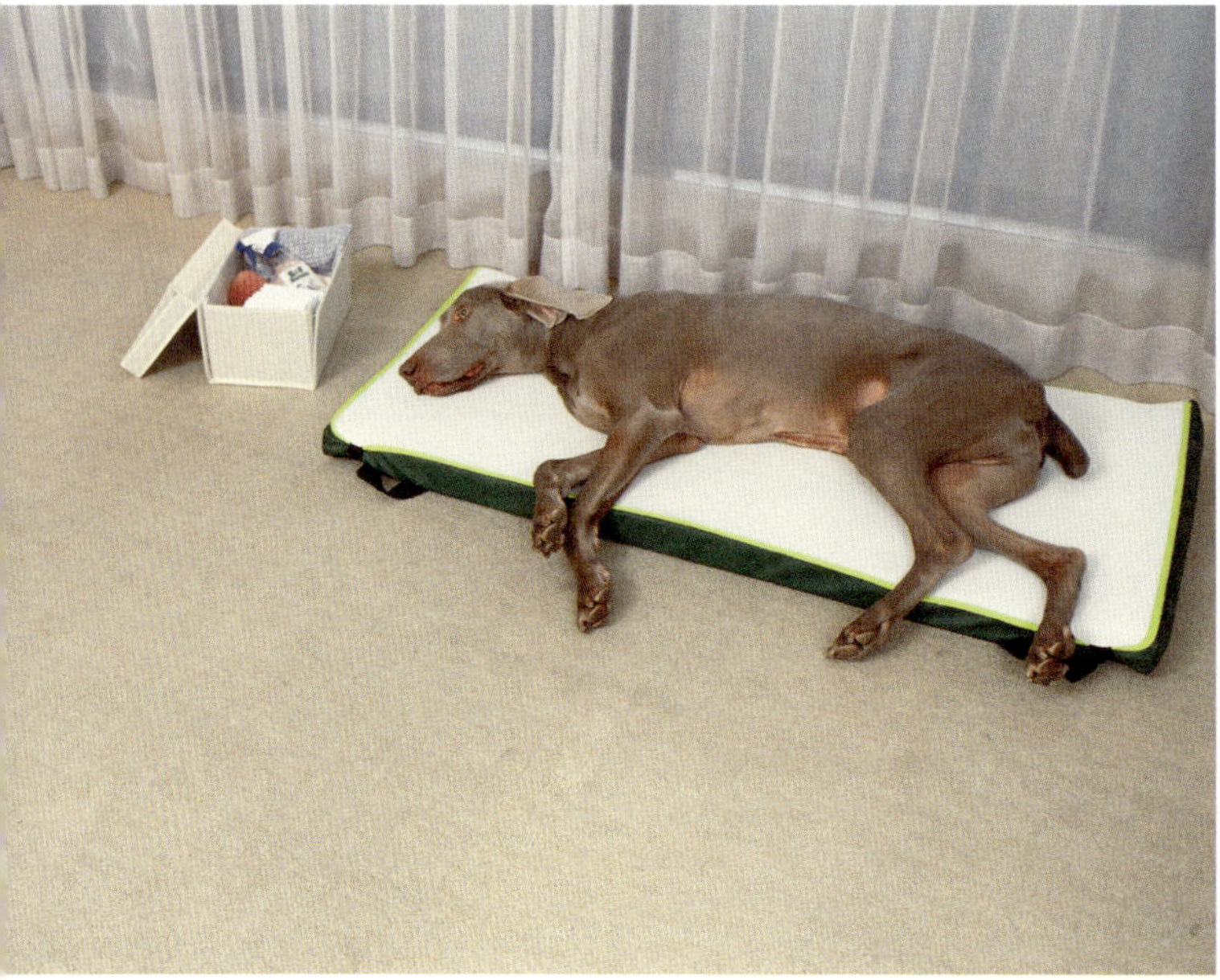

安心して眠れるスペースをつくろう

専用スペースの快適度は温度調節がカギに

家族が集まる場所といえば、やはりリビング。犬の専用スペースを用意するのはリビングというおうちが多いでしょう。このときに気をつけたいのは温度です。もともと犬は、人よりも暑がりなうえに、老犬になると温度の変化に対応する力が衰えてきます。人には快適でも、犬にとっては暑過ぎたり寒過ぎたりすることもあります。専用スペースは冷暖房が直接当たらない場所を選び、体を冷やせる大理石の板やクールマットとか、温められる毛布など、温度の変化に合わせて体をいたわるグッズも用意してあげましょう。

comfortable dwelling place

Check!!

ベッドを選ぶときのポイント

- 洗濯でき、清潔に保ちやすい素材
- 抜け毛がからみにくく、掃除しやすいもの
- 愛犬の体にフィットする大きさ
- 夏は体温がこもりにくく、涼しいもの
- 冬は保温性が高く、温かいもの
- やわらかくクッション性のあるもの

写真のトイレは、専用マットがパワフルに吸収・脱臭するから１週間取り替えなしでも、におわなくて便利！
ワンだふる清潔トイレ（問／E）

快適な眠りをもたらすには寝床づくりがポイント

老犬になると、寝床で眠って過ごす時間が増えてきます。快適に眠るためにも寝床づくりは大切です。まずは犬にとって心地いいベッド選びから。体にやさしい材質で、夏は涼しく冬は温かいベッドを用意しましょう。眠れないようだったら、毛布を替えたり、低反発マットを使ったりするなどの工夫をしてみましょう。寝床の近くには、水を飲める場所やトイレを用意することも大切です。

お気に入りのおもちゃやマットがないと眠れない……など、安眠の条件は犬によってさまざま。安心して眠れるように、愛犬に合った寝床を用意してあげてください。

老犬に快適な住まいづくりの3つのキーワード

01

サブスペースをつくってあげよう

前のページでも述べたように、老犬の住まいの環境に大切なのは温度や湿度の管理です。しかし、毛布やクールマットなどのグッズだけでは、温度調節が難しいことがあります。また来客が多いときなど、リビングから出て静かに過ごしたいときもあるでしょう。そんなとき、愛犬が自分で居心地のいい場所に移動することができるように、普段からサブスペースを用意しておいて、リビングのドアは開けておいてあげましょう。

サブスペースは暑がっている様子のときはもっと涼しい部屋に、寒がっているときはもっと暖かい部屋に、クッションなどで予備の寝床をつくっておくといいでしょう。両方の部屋を気分しだいで行き来できるようにしておくと、犬も自分で快適な居場所を選べ、寂しく思わずに過ごせます。

comfortable dwelling place

02 気になるにおいはアロマで撃退

　室内で排せつさせるようになると、排せつ物のにおいがこもるもの。ときおり窓を開けたり換気扇を回したりして換気しましょう。

　排せつ物のにおいにはアロマオイルを垂らした水で掃除したり、においを分解するタイプの消臭剤を使ったりすると効果的です。また普段からアロマスプレーなどを使うと、部屋の空気をリフレッシュできます。

　排せつ物をすぐに後始末することや、排せつ後はお尻をきれいにすることなど、ボディケアも忘れずに。

03 模様替えをするときは注意

　愛犬の視力が弱ってきたら、部屋の模様替えには注意が必要です。

　視力が弱ってきても、慣れ親しんだ環境ならにおいや記憶をたよりにソファをよけたり、ダイニングテーブルの脚にぶつからないように動き回ったりできます。しかし模様替えで家具の置き場所を一度に変えると、その変化に対応できなくなり、衝突や転落などの事故につながることもあります。

　やむをえず模様替えをするときは、ソファを数メートル単位で動かすなど、できる範囲で少しずつ行うようにしましょう。

事故が起こりやすい危険ゾーンを見直そう

若いころは軽々と上り下りしていた階段や玄関の段差も、老犬になるとつまずくなどして室内で思いがけない事故が起き、それが大ケガにつながることがあります。家を点検して危険ゾーンを見直しましょう。しかし、先まわりして完璧なバリアフリーの住まいを用意すべきかというと、そうともいえません。たとえば、階段をなくしてしまったために、愛犬の楽しみが減ったり、運動の機会が減ったりすることも。

大切なのは、老いていく過程を注意深く見守り、体のサインに気づいて対応してあげること。ソファに上がりにくそうになったらスロープを用意してあげるなど、ちょっとだけ先を見ながらの事故防止を心がけましょう。

comfortable dwelling place

老犬にとっての危険ゾーンはココ！

1 床

足腰の疾患の原因になるのが床でのスリップ。爪を立てられず踏ん張りがきかないフローリングの床、逆に爪がひっかかりやすいカーペットにも要注意。犬が動きまわる場所にはラグやタイルカーペット、コルクカーペットなどを敷きましょう。

2 段差

玄関や縁側の段差の上り下りが危なくなってきたら、ステップを用意しましょう。安定して動かないものなら、箱などでも代用できます。ステップでもつらくなってきたら、スロープに。市販品でもいろいろあります。

どこでもスロープ（問／D）

3 階段

階段からの転落事故も多いもの。普段１階で生活するなら階段の上り口に、２階で生活しているなら２階の階段の下り口に、通れないようなフェンスをつくりましょう。市販のベビーフェンスなどでもいいですね。

4 角や出っ張り

家具の角や柱などの出っ張りにぶつかって、足を痛めたり頭を切って出血したりするケースもあります。視力が衰えてぶつかりやすくなってきたら、危険な箇所は梱包材の気泡シートやタオルなどで覆いましょう。

Check!!

知っておきたい応急処置

事故が起きたら、あわてず深呼吸を。状況が判断できたら以下のような応急処置をして、獣医師に連絡をとりましょう。

出血した！

まず水で傷口を洗います。水がなければお茶でもなんでもかまいません。傷口を押さえて止血することが大切。指で押さえて止血しながら、タオルや布などを探してきて、傷口にあてて押さえて止血します。

骨折した！

体を毛布などでくるんで暖かく、静かに、やさしく抱っこします。自分の体を添え木代わりにするイメージで、骨折した箇所が動かないように支えます。

やけどした！

大量の水で冷やし過ぎると、体温まで下げることがあります。毛布などでくるんで抱っこして、患部を水に浸した冷たいタオルなどで冷やしましょう。

ボディケア

body care

きれいにしながら体の変化をチェック!

体をくまなく触ることは老いた体にこそ必要です

「体を触られるのを嫌がるから、ボディケアするのは苦手」という声も聞きますが、老いてくるほど大切になってくるお世話がボディケアです。体の各部分を清潔にして健康を保つという効用だけではなく、温かい手で体に触ってあげるということそのものが、とてもいいことなのです。

まず、体に触られることに慣らしましょう。リラックスした気分のときに、背中や首元など刺激が少ないところから触っていきます。体に触れられても我慢できるようになることは、介護や看護が必要になったときに必ず役立ちます。

またボディケアで、健康をチェックすることができます。腰を触ると痛そうにする、口の中にできものができた、お腹にしこりがある、などの異常に気づくことが、病気の早期発見につながります。それに、たとえばブラッシングするだけでも、皮膚の汚れを落とすと同時に、血行をよくし筋肉をほぐす効果があり、老化にともなって落ちている代謝を上げられます。さらにいえるのは、ボディケアで愛犬の心も癒やせるということです。老いた体をいたわり慈しむ気持ちは、手のぬくもりを通して伝わり、愛犬に活力を与えます。

次ページから、老犬のボディケアのやり方とその際にチェックしたいポイントを紹介しています。これを参考にしながら、こまめにボディケアをしてあげましょう。

P062　お風呂セット（問／C）

ボディケア

body care

老犬のボディケアの行い方

ボディケアする前には、必ずプレチェックを行いましょう。「今からお手入れするよ～」と声をかけながら軽く全身をタッチし、痛がる箇所があるようなら、そこには触らないようにします。

※「ここをチェック！」の欄に該当する症状があれば、P162～173の病気のページもチェック。動物病院で受診しましょう。

ブラッシング

毛の美しさを保つ、皮膚を清潔にする、血行がよくなるというメリットがあるブラッシングは、力を入れずに行うのがポイント。ブラッシングをしながら、全身をよくなでて、しこりや腫れなどがないかのボディチェックも、あわせて行います。

金属製のスリッカーブラシなどでゴリゴリとブラッシングするのはNG。肌触りがソフトなブラシを使ってあげましょう。

ここをチェック!

- **抜け毛が増えていませんか** →ホルモンの病気【P168】、皮膚の病気【P172】参照
- **できものや腫れ、しこりはありませんか** →がん【P162】参照
- **お腹が張っていませんか** →消化器の病気【P165】、生殖器の病気【P167】参照

目のまわりのケア

目のまわりについた汚れや目ヤニをほうっておくと、感染症などのトラブルが起きやすくなります。ウエットティッシュや濡らしたコットンなどで、眼球をこすらないよう気をつけてふき取りましょう。

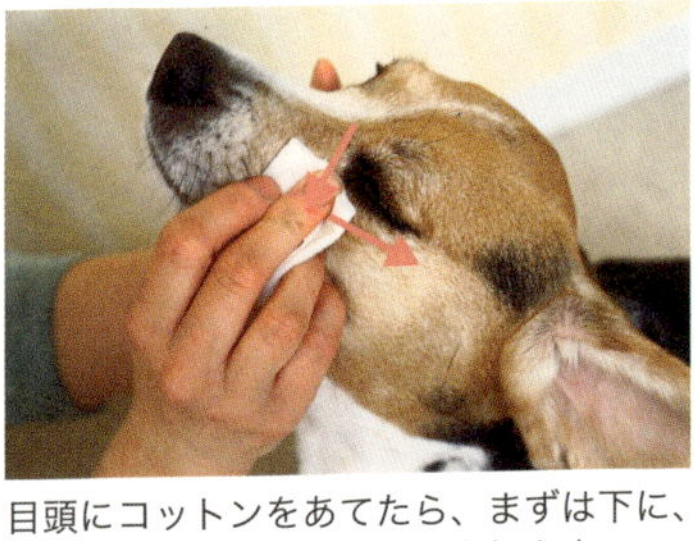

目頭にコットンをあてたら、まずは下に、そのあと目尻の方向へふき取ります。

ここをチェック!

- **目ヤニが出ていませんか** →目の病気【P170】参照
- **黒目が白くにごっていませんか** →目の病気【P170】参照
- **白目が充血していませんか** →目の病気【P170】参照
- **両目とも同じ方向を向いていますか** →脳・神経・心の病気【P173】参照

耳掃除

耳の中には常在菌※という細菌がいて、そこにエサとなる耳あかなどがたまると、異常繁殖して耳のトラブルを引き起こします。湿気がこもりやすい垂れ耳のコは特に、こまめに耳掃除をしましょう。

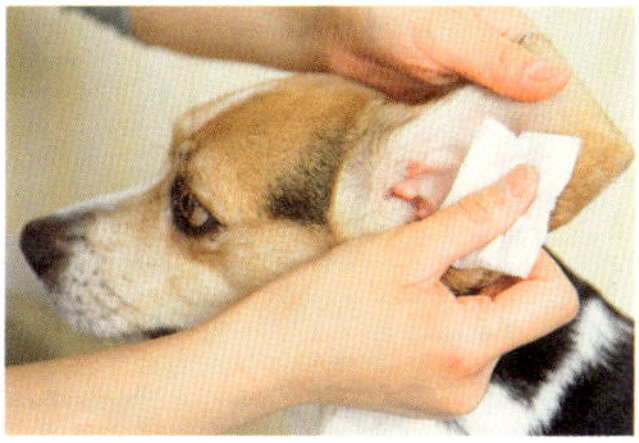

※人や犬の体に通常住みついている菌。異常繁殖しないかぎり、体に悪影響はありません。

失敗しない耳掃除の仕方

Step1

耳の中に耳専用洗浄液を入れます。

Step2

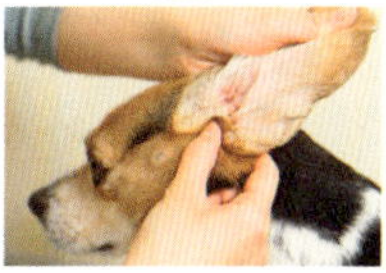

耳の付け根を軽くもみ、洗浄液をいきわたらせます。

Step3

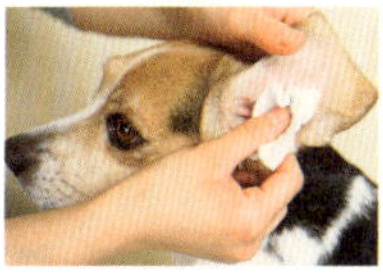

犬がブルブルッと首を振ったら、液と汚れをふき取ります。

ここをチェック!

- **変なにおいはしていませんか**
- **耳の穴がいつもより小さくなっていませんか**
- **耳が腫れていませんか**
- **耳の中が赤くなっていませんか**

※上記のどれかに当てはまる場合は、感染症など耳になんらかのトラブルあり。動物病院で受診しましょう。

肉球のケア

乾燥しがちな老犬の肉球は、角質に硬い層ができて、白っぽくガサガサしてきます。ほうっておくとあかぎれのようにそこから出血することも。散歩から帰ったら、肉球の間に挟まった異物をとるなどのケアのあと、保湿しましょう。

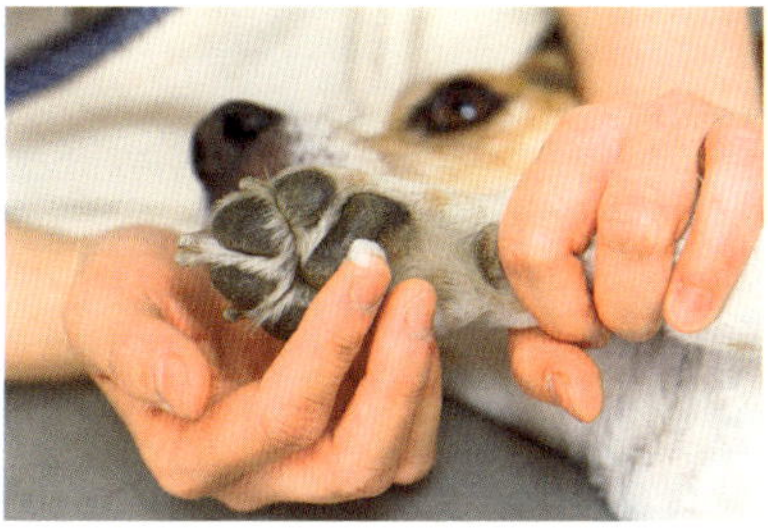

足をお湯に浸して肉球をやわらかくし、クリームなどを塗ります。

ここをチェック!

- **色や形に異常はありませんか**
- **肉球に出血はありませんか**

※左記の項目に当てはまる場合は、ケガなどなんらかのトラブルが疑われます。

- **肉球と肉球の間が腫れていませんか** →皮膚の病気【P172】参照

爪切り

爪が伸びたままだと、立ったときに足の指が横倒しになり、関節に負担をかける歩き方になってしまいます。こまめにカットする習慣をつけましょう。まとめてカットするのが大変なら、１日１本ずつカットしてもいいですね。狼爪も忘れずに切りましょう。

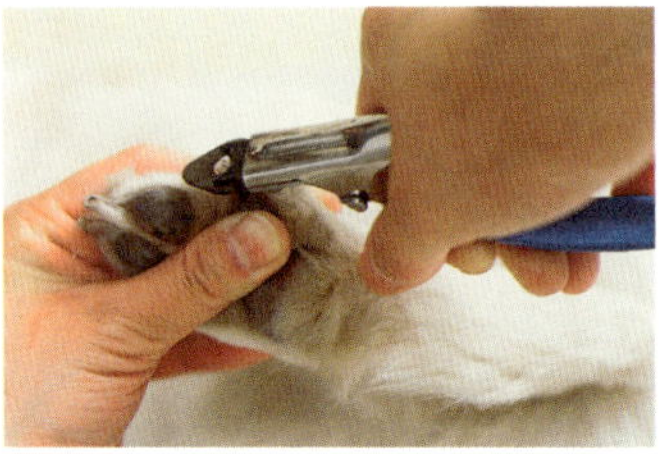

失敗しない！
爪切りの仕方

爪切りのときは、爪の中心を通っている血管や神経を傷つけないようにしたいもの。黒い爪のコにも安心の方法を伝授します。

Step1: 爪の断面を見ながら少しずつ切ります。血管を確認しやすいので黒い爪のコも安心です。

Step2: 血管の手前までくると、爪の断面の中心が白っぽく透明になってくるので、そこでストップ。

Step3: 爪の角をイラストのようにカットし、面取りをすれば完了。

ここをチェック！

- 左右で爪の伸び方が違っていませんか→骨・関節の病気【P163】を参照
- 爪が歪んで伸びていませんか→骨・関節の病気【P163】を参照
- 指の間が脱毛したり赤くなったりしていませんか
  →皮膚の病気【P172】、アレルギー【P169】を参照

歯磨き

歯垢や歯石は細菌の巣窟。ほうっておくと歯肉炎や歯周炎の原因になります。できれば毎食後に歯磨きをする習慣をつけ、これらのリスクを回避しましょう。

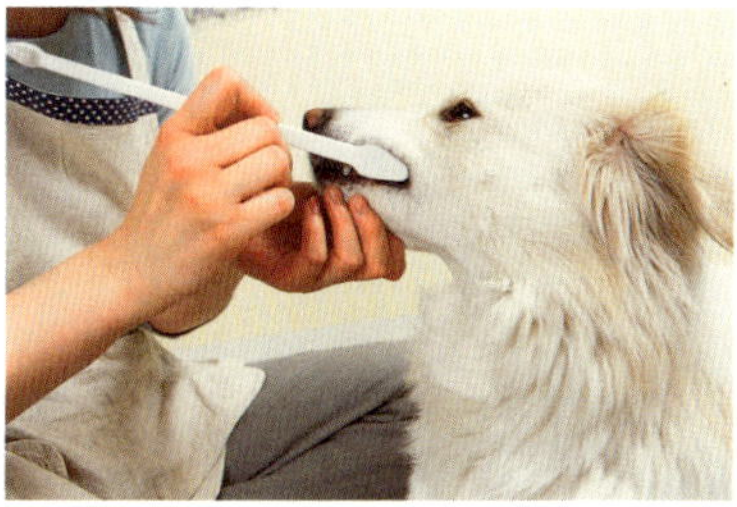

歯磨きが苦手なコを慣らすための裏技

歯磨きの習慣がなかったのに、いきなり歯ブラシを口に入れようとしても、嫌がる犬が多いもの。徐々に慣れさせていくことがポイントです。

Step1

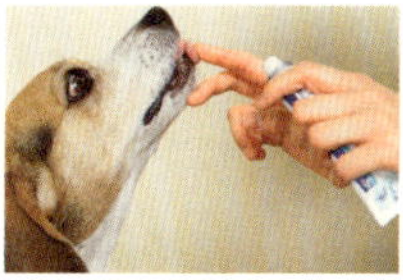

犬用の歯磨き粉をなめさせることからスタート。

Step2

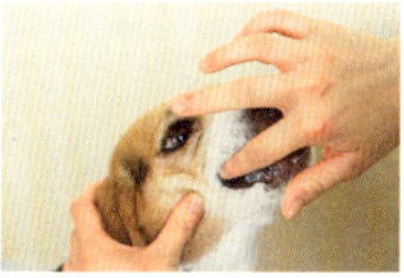

歯磨き粉を指につけて犬の口の中へ。口の中に指を入れられたり、触られたりすることに慣らします。

Step3

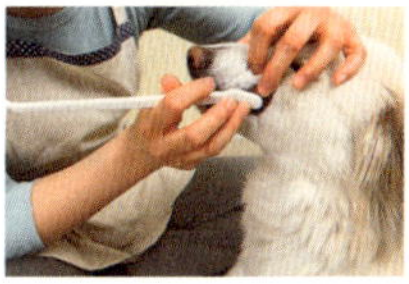

歯ブラシを使って磨いてみます。今日は前の歯、明日はその隣の歯、と徐々に範囲を広げていきましょう。

ここをチェック!

- **歯石がたまっていませんか**
  →歯・口の病気【P171】を参照
- **歯ぐきを指で押して離しても、色が変わったままですか**
  →循環器の病気【P164】を参照
- **口の中に以前はなかった黒いシミなどはできていませんか**
  →がん【P162】を参照
- **きつい口臭はありませんか**
  →がん【P162】、歯・口の病気【P171】を参照

老犬を外飼いするときのポイント

パステルボウル（問／A）、バケッツメイフェアカラー（問／C）

Point1

温度管理

老犬にとって、夏の暑さは想像以上につらいもの。熱射病や熱中症をさけるため、しっかり暑さ対策をしてあげてください。犬小屋は風通しのいい日陰に設置を。すだれを使ったり、ブロックを積んで犬小屋を高床式にするのもいいでしょう。冬は日当たりがよく暖かな場所に犬小屋を設置し、毛布などを入れてあげます。

Point2

衛生管理

外飼いだと、飼い主さんの目が届きにくいうえ、ノミ・ダニが寄生しやすいなどの問題があり、不衛生になりがちです。犬小屋はすみずみまで掃除し、清潔を保ってあげましょう。中に入れた毛布などもこまめに洗ってください。

Point3

コミュニケーション

視覚や聴覚が衰えてくると、若いころのように元気に動けない犬は不安やあせりを感じます。その結果、寂しがりやになる犬も多いようです。犬小屋は家族の気配を感じられるリビングのそばなどに設置し、これまで以上に声かけやスキンシップの機会を増やしましょう。

3章

ムリしない！
「手抜き介護」でいこう！

～犬にも人にもやさしいオーダーメイドの介護方法を提案～

介護で大事なのは がんばり過ぎないこと

病気やケガをきっかけに愛犬の体が不自由になると、本格的な介護が始まります。

介護でしてあげられることはさまざまです。毎食流動食をつくって食べさせる。雨の日も風の日も、排せつのために愛犬を抱いて外出する。麻痺を食い止めるためのマッサージ。

床ずれのケアのため、何時間かおきの寝返りなど。しかも、こういった介護の日々はいつまでという期限はなく、ずっと続くのです。

　完璧にこなそうとがんばり過ぎると、愛犬の介護中心で、自分のことはだんだんあと回しに。老人介護と同じように、体力的にも精神的にも追い詰められて、体調をくずし共倒れになってしまうこともあります。介護する人が倒れてしまったのでは、犬も飼い主とともに自分の居場所まで失うことになりかねず、意味がありません。

　また介護は、家族のひとりに集中する傾向があります。ある家庭では、パパが犬嫌いで家事にもノータッチだったので、家事も犬の世話も全部ママがこなしていました。介護が始まると、がんばり続けるママも大変です。そこで追い詰められる前に、助けてくれたのがパパ。病院への送り迎えや買い物の手伝いなどで、ママの負担は軽くなり、応援が心の支えになりました。直接の介護の手助けではなくても、十分サポートになるのです。

　犬にとっても、介護する人間にとっても、できるだけ良質の介護を目指すなら、ひとりだけでがんばり過ぎないことが大切です。家族のサポートもそうですし、病院やペットシッターの会社などが行っているデイケアサービスを上手に利用しましょう。

　日常の暮らしとうまく折り合いをつけながら、完璧な介護ではなく、がんばらずに続けられる「手抜き介護」を目指してください。

ママが明るくなると犬も元気になってくる

入院中の犬たちを見ていると、毎日、飼い主さんや家族の誰かが面会にきているおうちの犬と、なかなか面会にこられないおうちの犬とでは、元気さが違うことに気づきます。家族に会える犬は早く治ります。それほど家族の存在は、犬にとって大きいんですね。

自分にパワーを与えてくれる大切な人が、もし介護に疲れて暗い顔をしていたらどうでしょう。介護されている愛犬だって、元気をなくしてくるのは当然。逆に家族が明るくイキイキした笑顔だったら、愛犬にも元気が出てくるはずです。

うちの病院のデイケアを利用したりしているうちに、介護疲れのママたちも体調を回復してぐっと様子が明るくなり、そうなると不思議なことに犬の様子もしだいに落ち着いてきます。自宅介護だけに切り替えてからも、ママが元気なら、愛犬の状態も安定します。その中には、夜鳴きがなくなったというケースもありますし、寝たきり状態だった犬が首を上げられるようになり、前足を自分で動かせるようになったというケースもあります。

もちろんこういった例では、介護の質も高かったのでしょう。でも、犬の元気ややる気を引き出すいちばんのパワーになったのは、ママの明るさだと思います。

P072　上：DOG' N' DOG リバーシブルバンダナ（問／A）、下：フォックス＆ハウンズカラー（問／C）

手抜き介護の5つのコツ

01

愛犬の状態に合わせた介護方法を見つける

「手抜き介護」は、愛犬にピッタリの方法を見つけることがすべてです。では、どうやってその介護方法を探せばいいのでしょう。その答えはあなたの愛犬の中にあります。

大切なのは、愛犬の様子をよく観察して、どんな状態にあるのかをしっかり把握することです。そして、あなたが愛犬のお世話で困っていることは何か、これから悪化させないためには何が必要かをはっきりさせてみましょう。

後ろ足の機能が衰えても運動させる方法、体が弱ってからおふろに入れるコツなど、介護のアイデアを組み合わせていけば、オリジナルの介護法ができるはず。そのための介護のアイデアはP078から紹介していきます。これを活用して、さらにあなたの工夫もプラスしてください。

歩くのがおぼつかなくなってきた老犬の散歩はハーネスに。転倒しそうなときに体をさっと支えやすい（P082参照）。

後ろ足が踏ん張れなくなって歩行が難しくなってきたら、ウォーキングベルトで介助しましょう（P085参照）。

前足も後ろ足も踏ん張れなくなってきたら、抱っこで移動を（P086参照）。

02

身近にあるグッズを活用する

手間が省けて、愛犬にも快適な介護グッズがあれば、これを活用しない手はありません。

たとえば、床ずれ対策の寝床。夜中に何度寝返りさせても治らなかった床ずれが、低反発マットに替えたとたん劇的に改善。寝返りの回数が減ったうえに、夜鳴きまで治まったというケースがあります。

愛犬の状態やライフスタイル、住宅事情などを考慮しつつ、身近なもので工夫できるところは工夫することが大切です。

床ずれ対策に大活躍の低反発マット。寝たきりになったら用意しておくと便利（P114参照）。

押すと水が出る洗浄びん（P124参照）は、ノズルがアーチ状で、寝たきりの犬に水を飲ませるのに便利。

03

生活のリズムをつかむ

寝たきりといっても、生活のリズムは犬それぞれ。食事の時間、昼寝の時間、ウンチのタイミング、機嫌のいい時間帯や落ち着かない時間帯などがあります。この生活のリズムは、ぜひつかんでおきましょう。ウンチのタイミングをみて介助する、機嫌のいい時間帯にボディケア、落ち着かない時間帯はそばにいてあげる、買い物はお昼寝中に行く。

生活リズムに合わせた介護のタイムスケジュールができると、介護する人も時間を有効に使えます。

04

信頼できる
ホームドクターをもつ

診察を受ける機会や相談事が増えてくると、信頼できるホームドクターをもつことが大切になります。愛犬の若いころからの病歴や性格を知っているドクターに、老齢にともなう病気の治療や、介護の相談にのってもらえるなら、それがいちばん理想的です。

しかし現実には、病気の治療にはくわしくても、老犬介護には関心の薄いドクターもいます。ホームドクターの見直しを考えるなら、話をじっくり聞き、介護や看護のアドバイスをしてくれる獣医師を選んでください。

05

治療できるものかを
調べて適切な対処を

不調はなんでも「年のせい」と片づけてしまっていませんか。散歩に行きたがらない、動きがにぶいなどの症状が「甲状腺機能低下症（P168参照）」だったり、歩き方が遅くなった、よく鳴くなどの症状が「変形性脊椎症（P163参照）」だったりすることも。

老犬でも、適切な治療で治るケースはたくさんあります。また脱臼で歩けなくなった20歳の犬が、脱臼は治療できなくても鎮痛剤で痛みを取ったら歩けるようになったという例もあります。痛みを緩和するだけでも全然違います。あきらめずに受診しましょう。

Check!!

がんばり過ぎ度チェック

いざ介護が始まると、ついついがんばり過ぎて無意識のうちに自分を追い込んでしまうことが多いもの。ここではあなたの「がんばり過ぎ度」をチェックしてみましょう。

あなたに当てはまると思う項目にチェック！

- ☐ どちらかというと几帳面なほうだ
- ☐ 「このコには私しかいない……」と思うことがある
- ☐ 愛犬が病気になったら治療費はおしまない
- ☐ 何をしていても愛犬のことが気になる
- ☐ 自分にも犬にも完璧を求め、手抜きができない
- ☐ ストレスをため込みやすいほうだ
- ☐ 犬を飼い始めてから長時間留守にできず、遠出ができなくなった
- ☐ 愛犬の介護はあくまでも自分が最後までやってあげたいと思う
- ☐ 犬についての悩みを聞いてくれたり、相談にのってくれたりする人が身近にいない
- ☐ 介護生活のことを考えると、不安で眠れないことがある
- ☐ 介護生活に入ったら、仕事をやめて愛犬のお世話に専念したい

診断結果

0〜3個 心配ナシ

あなたは今のところがんばり過ぎの心配はありません。介護が始まっても、これまでと変わらない気持ちで適切なお世話ができるはず。マイペースで上手に乗り切ってくださいね。

4〜6個 要注意

ちょっぴりがんばり過ぎの傾向がみられます。介護中にがんばり過ぎて犬にストレスを与えてしまうかもしれません。気持ちにゆとりをもって、笑顔でできる範囲で行うといいでしょう。

7〜11個 危険

あなたはすでに犬のお世話をがんばり過ぎているのでは？　このままいくと犬と一緒に倒れる恐れが。家族の協力を求める、デイケアサービスを利用するなどして介護の負担を減らしましょう。

ケース別のお世話がバッチリわかる!

老犬介護マニュアル

老いてくると、生活シーンごとの介護が必要に。ここからは具体的な介護方法を提案します。愛犬の健康状態にぴったり合った、ムリなく続けられるやり方を見つけてください。

介護の心がまえ

1 介護に入る前に かかりつけの獣医師に相談を

椎間板に疾患があるのに腰を引っ張って立たせるなど、やってはいけないお世話もあります。介護に入る前に、まずかかりつけの獣医師に相談を。愛犬の現在の健康状態をトータルに把握しておきましょう。

2 どんなお世話もまずは声かけからスタート

立たせる、歩かせる、寝かせるなど、介護しようとしていきなり体に手をかけると、犬は抵抗感や恐怖心を抱きがちです。まずはしっかり目を合わせて「起きようか～」などと声をかけることから始めます。

3 介護グッズは 手の届くところにひとまとめ

いざ介護を始めると、必要なものが見つからずあわてることも多いものです。介護に必要なグッズはひとまとめにして、愛犬の寝床のそばにスタンバイさせておくといいでしょう。

粘着性伸縮包帯
テープを使わずとめることができ、ケガや床ずれの処置に便利です。

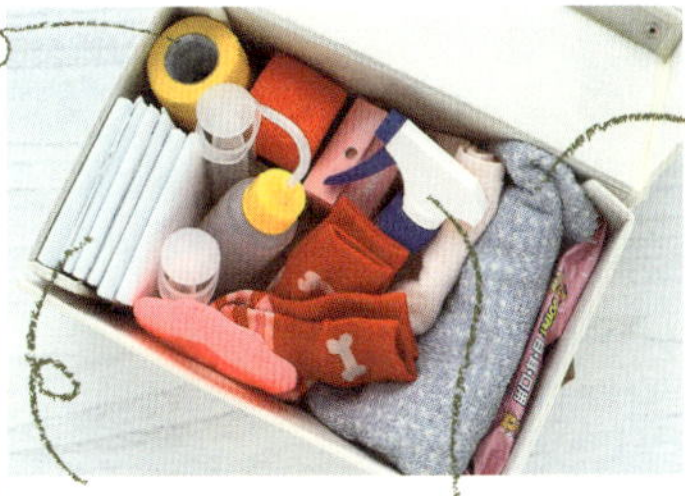

タオル
体をふいたり、口元をふいたり。何枚あってもうれしいアイテム。

ペットシーツ
寝たきりになったときに寝床に敷いておけば、おもらししても安心。

消臭剤
室内で排せつをするようになったら、気になるにおいにシュッ！

歩行の介護

老犬にとっていちばんの運動は、歩くことです。足腰が弱って満足に歩けなくても、飼い主がサポートして歩かせることで血液の流れがよくなったり、腱のこわばりを防ぐことができたりします。なるべく自力歩行させることが、衰えのスピードに対抗する手段です。

歩行介護で大切なポイントは、心配だからといって何もかもをサポートしてしまわないこと。サポートし過ぎると、それに頼りきってしまい、犬が自力で歩くことをやめてしまうからです。転倒防止をしたうえで、自力で歩かせるようにしましょう。

とはいえ老化が進むと、後ろ足が踏ん張れなくなるなどして自力で歩けなくなることがあります。その場合は、補助具を使って歩行をサポートしてあげましょう。補助具を使うときも100%歩行を助けるのではなく、犬に自分で歩く努力をさせる程度の介助にとどめることが大切です。

歩けなくなる理由には、関節疾患、内臓系の病気など状況はさまざまです。しかし病気だからといって、じっとさせておけば歩行の機能が衰え、早く寝たきりになってしまう恐れもあるのです。そうならないためにも、できる範囲で歩かせたいものです。

歩行介護のポイント

犬の歩行機能はこうして衰える

例外はありますが、歩行機能は以下のように衰えていきます。この度合によって、サポートしてあげるべき内容も変わってきますから、まずはどのように犬の歩行機能が衰えるかを知っておきましょう。

歩行の介護
menu A

歩くのがおぼつかないコは転倒防止をしたうえで歩かせる

ハーネスを使うときのポイント

転倒を防ぐには、普段からリードを短めに持つのがポイント。ふらつきが進んだら、さらにハーネスに近いところを持ち、リードをたるませないようにします。大型犬の場合は、直接ハーネスに手を添えておくほうが、いざというとき力が入りやすく安心。

年をとり筋肉が衰えてくると、スムーズな足運びができなくなって、散歩中ふらつくように。基本的には自分の力で歩かせることが大切ですが、転倒しそうなときには、さっと体を支えてあげましょう。

このケースで使いたいのがハーネス。首輪につけたリードでは、とっさのときに体を支えるのが難しく、首にも負担がかかります。胴体を広範囲に支えるハーネスなら、リードを引くと効果的に体を支えられ、愛犬にも負担が少なくてすみます。

つける前に痛みがないか確認

ハーネスをつける前に、散歩前の全身のチェックをかねて、体に触れてハーネスが当たる部分に痛みがないかを確認しましょう。最初につけるときは違和感があって嫌がることも。まずはつけてみて室内で歩かせてみるなど、慣らしてから散歩に出かけます。

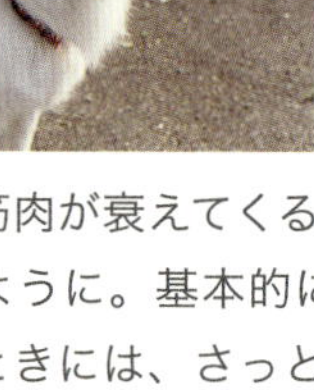

足を引きずって歩いていないか注意

関節の痛みや麻痺などが出てきていると、片足を引きずって歩くことがあります。すると甲の部分など、地面に当たる箇所にすり傷ができてしまいます。足を引きずり始めたら、靴下をはかせてすり傷防止をしましょう。靴下は踏ん張るときのために、滑り止めのついたものを選びましょう。また散歩コースは、土や芝生など摩擦の少ないところを選びます。

靴下のはかせ方

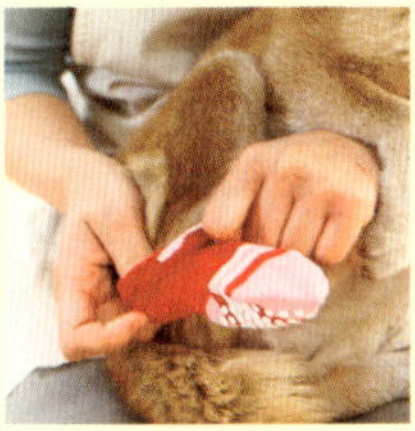

狼爪をひっかけないよう注意しながら靴下をはかせる。

↓

粘着性伸縮包帯で巻いて固定する。巻くときに強く引っ張らないのがコツ。

↓

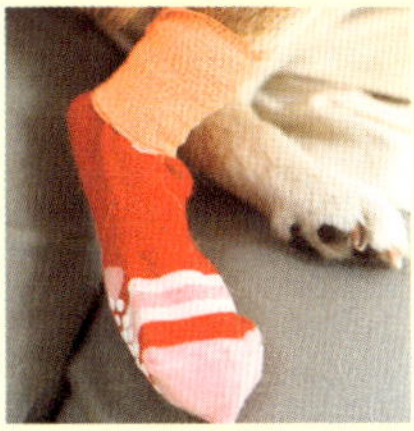

できあがり。

人間用の靴下を犬用にリメイク

足の裏の滑り止めは幼児用の靴下にはついていますが、大型犬がはけるような大人用の靴下の多くにはついていません。滑り止めは、ホームセンターなどに売っている液体ゴムでつくることができます。靴下用のセットも市販されていますから、これを使うと簡単です。

立ち上がらせてあげれば歩けるコは立ち上がりをサポートする

歩行の介護

menu B

立てさえすれば歩けるコは、立ち上がるときだけ介助をして、あとは自力で歩かせます。

立たせるときに前足が滑る場合は、バスタオルやマットなどを敷いておきましょう。体の横に座って両ひざをついたら、まずフセの姿勢をとらせます。片手はお腹の下に入れ、反対の手は向こう側の後ろ足の付け根あたりを持って、「立つよー」と声をかけて、ひざを立てながら腰を持ち上げます。前足で突っ張らせながら後ろ足を立たせるのがポイント。腰に疾患がある場合、抱えてはいけない部分があることも。かかりつけの獣医師に相談しておきましょう。

後ろ足が踏ん張れないコは後ろ足をサポートして歩かせる

歩行の介護

menu C

後ろ足が踏ん張れなくなって歩行が難しくなってきても、前足が動かせるようなら、後ろ足をサポートして歩かせるようにしましょう。

歩行させるときは、ウォーキングベルトを使います。胴体のみをサポートするタイプもありますが、歩行中に抜けたり、腰骨が安定しなかったりするのでパンツタイプがおすすめです。ウォーキングベルトをはかせたら片手はベルトに、反対の手は犬の腰に添えて「立つよー」と声をかけ、立ち上がりを補助します。前足で踏ん張って立ち上がったら、ベルトをそのまま持って補助しながらお散歩へ。前足だけが踏ん張れないときは、前足にベルトを装着して後ろ足で歩かせます。

ウォーキングベルトの装着の仕方

※ウォーキングベルトのつくり方はＰ 126 参照

1

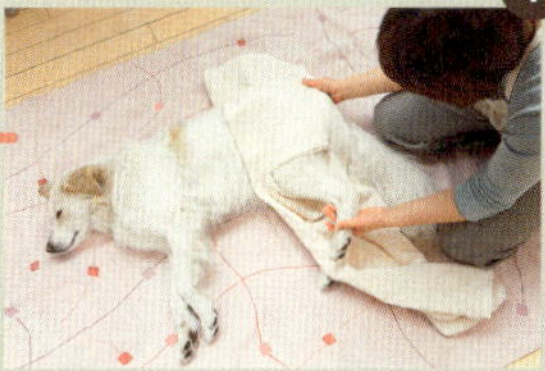

上側の足、下側の足の順で、足を穴にくぐらせます。

2

横に寝かせた状態のまま、体の下にベルトを入れます。

3

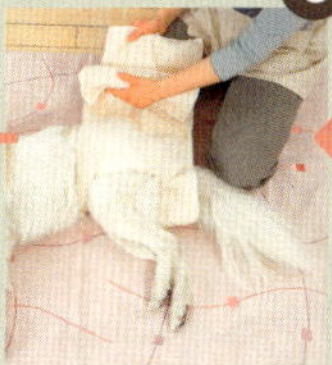

ベルトをかぶせて、腰からお尻の部分を覆います。

4

ベルトがはずれないように持ち、フセの姿勢をさせます。

歩行の介護

menu D

前足も後ろ足も踏ん張れないコは抱っこして移動

いよいよ歩行ができなくなると、抱っこで移動させることになります。

まず、犬を横たわらせて背中側に座ります。犬の寝る姿勢に好みがなければ、頭が利き手側にくるように寝かせるほうが抱きやすいでしょう。両腕を体の下に入れて、利き手は前足の付け根、反対側の手は後ろ足の付け根を支えます。犬の背中を自分の胸で支えるようにぴったりつけて抱きかかえます。両ひざをついて腰を浮かせ、つぎに片足を立ててから立ち上がります。立ち上がるときにバランスを崩したり、いきなり立って腰を痛めたりしないように気をつけましょう。

散歩のときは

歩けなくなっても、外の新鮮な空気を吸ったり、自然と触れ合ったりすることはいい気分転換になります。抱っこやベビーカーなどを使ってお散歩に行きましょう。ウォーキングベルトなどを使うのなら、介助してムリのない程度に歩かせるといいですよ。

重たい大型犬の介護を ラクにする隠し技

体が大きく重い大型犬の介護は、なにかと力が必要で大変です。その中でも特に大変な「立ち上がり」と「移動」の介護のコツを伝授。覚えておくと役立ちます。

大変ポイント1 立ち上がり

犬のお腹の下に手を差し入れ、自分のひざを犬のお腹の下に入れます。手が反対側に出るまで深く自分の腕を差し入れたら、ひざをついたまま自分の腰を持ち上げます。腕で犬の体を支えながら、足の力を使って立たせることができ、大型犬をラクに立ち上がらせられます。

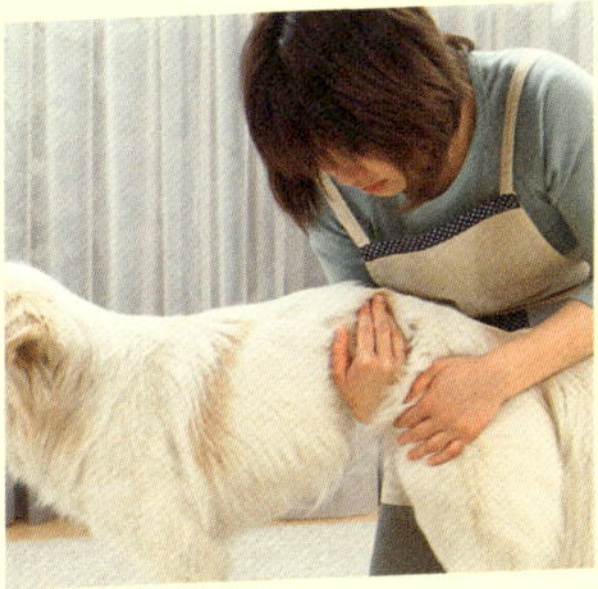

大変ポイント2 移動

専用グッズを利用しても

市販品を利用して移動させるのも手。写真上は「ペットポーター」。アルミ製で二方向から乗り降りできます。２サイズあり、大は35kg、小は25kgまでOK。写真下は、階段の上り下りに便利な「ハンモックポーター」。35kgまでOK。

台車にマットを敷き、タオルなどでくるんで座席にします。台車を押すときは、リードをしっかり持ち、手を離さないよう気をつけて。移動の道をチェックして、段差や障害物、振動が多くなる未舗装道路などはさけるといいでしょう。

上：ペットポーター、下：ハンモックポーター（すべて問／D）

歩けないその原因を取り除こう！

老犬が一度歩けなくなったからといって、ずっと歩けないままとはかぎりません。痛みが治まったり、病気から回復して体力が戻ったりしたら、また歩くようになった犬もいます。歩けなくなるのは、腹痛、関節などの痛みやこわばりが原因というケースが多いものです。原因を発見して、ケアをしてあげましょう。

体がだるそうなら

オイルマッサージ

体がだるそうなとき、オイルマッサージをすると血行がよくなり、筋肉の疲れや張りをほぐせます。老犬は疲れやすいので、疲労回復できるケアを習慣にすると、散歩に行こうという気持ちを起こさせられます。

またオイルマッサージには、関節のこわばりを予防し麻痺の進行を遅らせたり、痛みやしこりなどの発見につながったり、犬の心を落ち着かせたりと、いろいろな効果があります。

オイルマッサージの仕方

1

手にホホバオイルなどをつけ、手のひらをこすり合わせて手とオイルを温めます。

2

まずは背中からしっぽに向かってマッサージ。毛の流れに逆らわないよう、上から下へ手を動かすのがポイント。指圧は指の腹を使って軽めに行います。

3

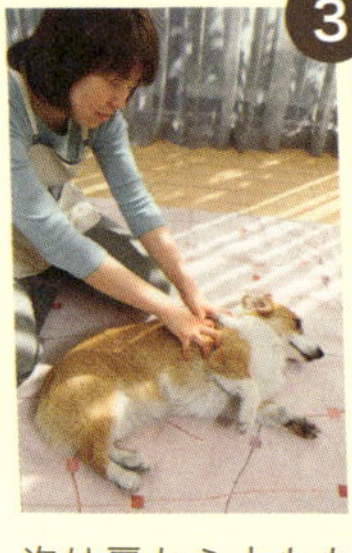

次は肩から太ももの付け根に向かってマッサージ。体の中心から遠くへと、もみほぐしていきます。

腰が痛いなら

温パック

注意：炎症がある場合、その部位にはあてないでください

温パックのつくり方

1

厚手のタオルを水でぐっしょりと濡らして、密封できるレンジ用の袋に入れます。

2

空気を抜き、もれないように口を閉めて、タオルが熱くなるまで電子レンジで加熱します。

3

加熱が終わったらできあがり。表面が熱過ぎるときはタオルなどを巻いてから腰にあてましょう。

人間も体が冷えると節々が痛くなり、おふろに入って温めると血行がよくなって痛みが軽くなるということがありますね。犬も同じです。

老犬は足腰が衰え、関節痛などが起きがちです。すると散歩に行くのを嫌がるようになります。そんなとき、腰の部分をじっくりと温めてあげると、全身にほどよく血液がめぐって、痛みが緩和されます。

お腹が痛いなら

「の」の字マッサージ

人間と同様に、犬も腸の中のウンチが発酵したりしてガスがたまると、腹痛が起きます。散歩中に急に動かなくなった……そんなときは、ガスがたまっての急な腹痛かもしれません。「の」の字マッサージでガスを出やすくしてあげれば、腹痛の解消につながります。また「の」の字マッサージには腸のぜん動運動を促す効果もあるので、便秘がちな老犬には習慣にしてあげるといいですね。

「の」の字マッサージの仕方

お腹全体をマッサージします。腸の流れにそって手を滑らせていく感じで、時計まわりにゆっくり「の」の字を描くように、肛門方向に向かってさすります。力を入れ過ぎないように注意しましょう。

排せつの介護

動物が生きていくために「食べること」と同じくらい「出すこと」は、大切です。しかし人も犬も老いてくると、泌尿器などにいろいろな問題が出てきます。

犬の場合、人のように残尿感があるとか、出が悪いとか、お尻が痛くてウンチが出ないなど、言葉で訴えることができません。オシッコを数日出せなかったりすると、病気のリスクが高まります。ママは、排せつの様子を気にかけてあげてください。

また、歩行が難しくなってきたときに、排せつの補助をどうするか。介護ではいちばん悩むところです。犬にだって、ウンチやオシッコは外でしたい、オシッコは立って、ウンチはしゃがんでしたいなどのこだわりがあります。こだわりを大切にしてあげたくても、毎日それを補助する側は大変。室内でトイレをさせる、おむつを使うなど、介護をラクにする方法があれば、そちらを優先させましょう。

menu A
排せつのポーズをとるのが難しいコは…P092

menu B
おもらしをしてしまうコは…P093

menu C
寝たきりのコは…P094

排せつ介護のポイント

オシッコが残っていると膀胱炎に

オシッコには死んだ細胞などの老廃物が含まれていて、それらは膀胱の底に沈んでいます。普段体を起こしている人間では、膀胱の底は出口付近の尿道に近いところなので、オシッコをすると、それがまっ先に排せつされます。犬は体が横向きなので、尿道への出口よりも膀胱の底が低く、そこに老廃物がたまります。そのため、老廃物が排せつされるのは最後。老廃物を全部出すには、オシッコを出し切らせることが大切です。

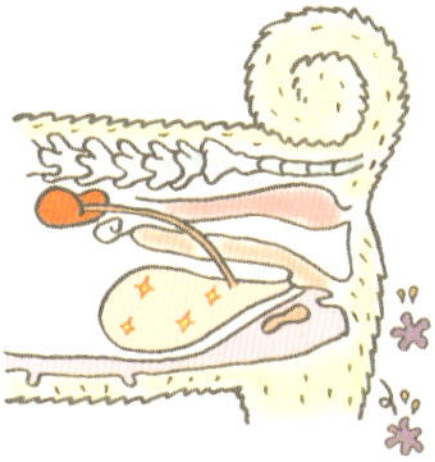

○
膀胱の中に細菌が入っても、オシッコを出しきれば、ためこまずに捨てられます。

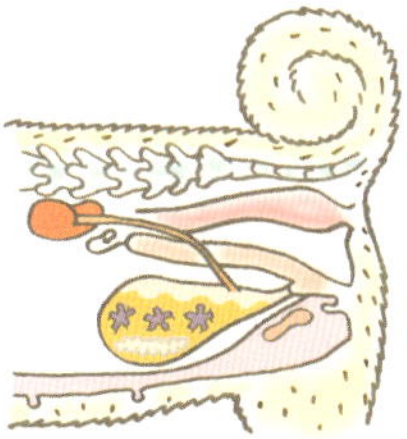

×
オシッコを出しきらないと、膀胱で細菌が繁殖してしまい、膀胱炎の原因になります。

排せつの介護

menu A

排せつのポーズをとるのが難しいコは後ろから腰を支える

メスの場合

メスのオシッコの場合は、足の付け根に近い胴体を左右から支えます。ウンチのときも同様に行います。

オシッコ
しようねー

オスの場合

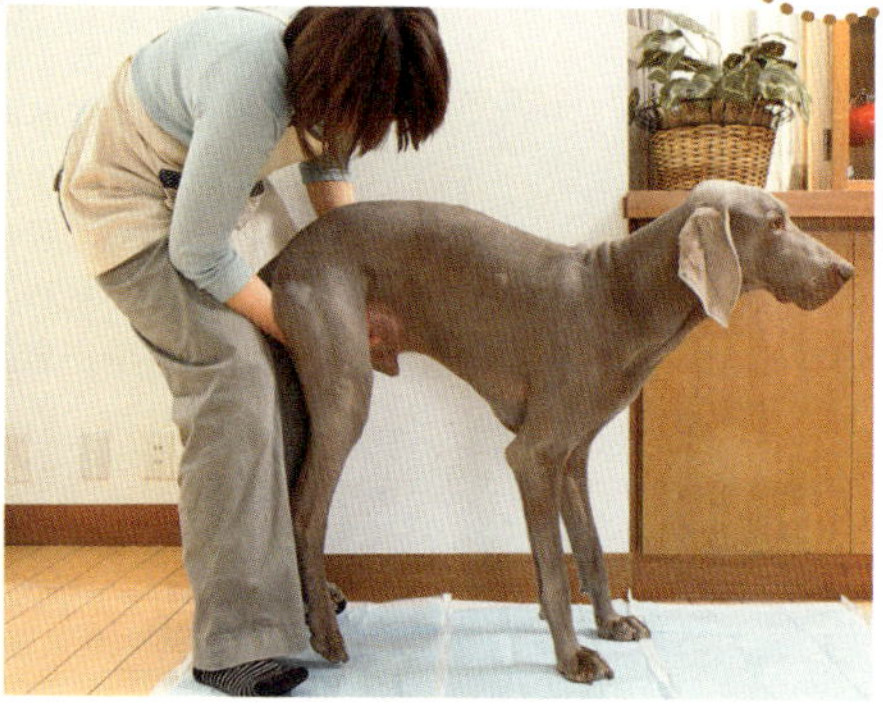

オスにオシッコをさせる場合、お尻側に立って、股の間から手を入れて太ももの付け根を内側から支え上げます。ウンチの場合は、メスのオシッコと同様の方法で支えます。

足腰の筋肉が衰えてくると、排せつするときの中腰の姿勢がとりにくくなり、ふらついたり、排せつ物の上に尻もちをついたりするようになります。足の関節などに疾患がある場合、しゃがむと痛みが走るため、途中で我慢する犬もいます。こうなるとサポートが必要。トイレの場所も室内に替えていきましょう。

したそうな様子があったら、後ろからまわり込んで腰を支えます。ウンチの場合は、しっかりいきめるように、後ろ足を踏ん張りやすくさせてあげることが大切です。

排せつのあとはきれいにふいて清潔に

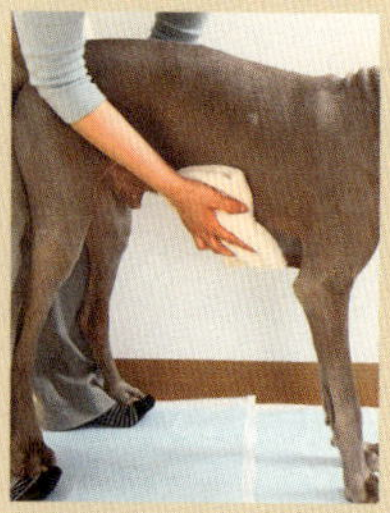

中腰になってしていたときとは勝手が違うので、自分の体を汚しやすくなります。オスのオシッコは前に飛ぶため、前足にかかりやすく、メスの場合は後ろ足の足元にたまります。排せつ後は陰部も体もチェックし、きれいにふいて清潔にしましょう。

おもらしをしてしまうコは おむつを利用

排せつの介護 menu B

おむつをつけると排せつ物がお尻につきやすくなります。肛門に毛がかかっていたら、お尻まわりの毛を短くカットするとお世話がラクに。

人間の赤ちゃんとは逆に、テープ部分が背中にくるようにあて、しっぽ用の穴にしっぽを通します。お腹と太ももはぴったりと、お尻はゆとりをもたせて包みこみ、背中側でおむつテープをとめます。

おもらしは、神経の麻痺、オシッコをとめる筋肉の衰え、足が悪くてトイレに間に合わないなどから起きます。そうなったら、おむつを使いましょう。犬用のおむつもありますが、サイズが合えば人間の赤ちゃん用でもＯＫ。排せつのタイミングをみてその時間帯だけとか、ママの都合で介護できないときだけなど、状況に合わせて使えばベターです。

犬は毛が生えていて皮膚が見えにくく、おむつかぶれの発見が遅れがちに。メスの場合は膀胱炎などのリスクも高まります。汚したらすぐにはずし、陰部や肛門はきれいにふくか、洗ってよく乾燥させるよう心がけましょう。

人間用のおむつを使う場合

犬のお尻は大きいので、体重7kg前後でも人間の赤ちゃん用のLサイズ紙おむつを用意するといいでしょう。

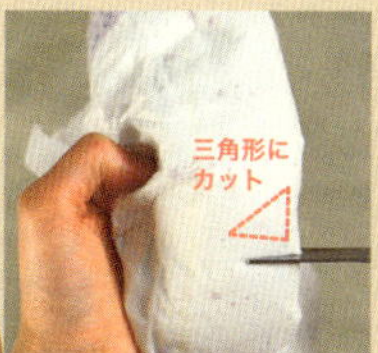

おむつを三つ折りしたときの真ん中の部分の上から1／3あたりにしっぽを通す穴をあけます。

開けた穴がそのままだとオシッコを吸ったポリマーが出てきます。穴の周囲は、ガムテープなどでくるみましょう。

排せつの介護
menu C

寝たきりのコは寝床にペットシーツを敷いておく

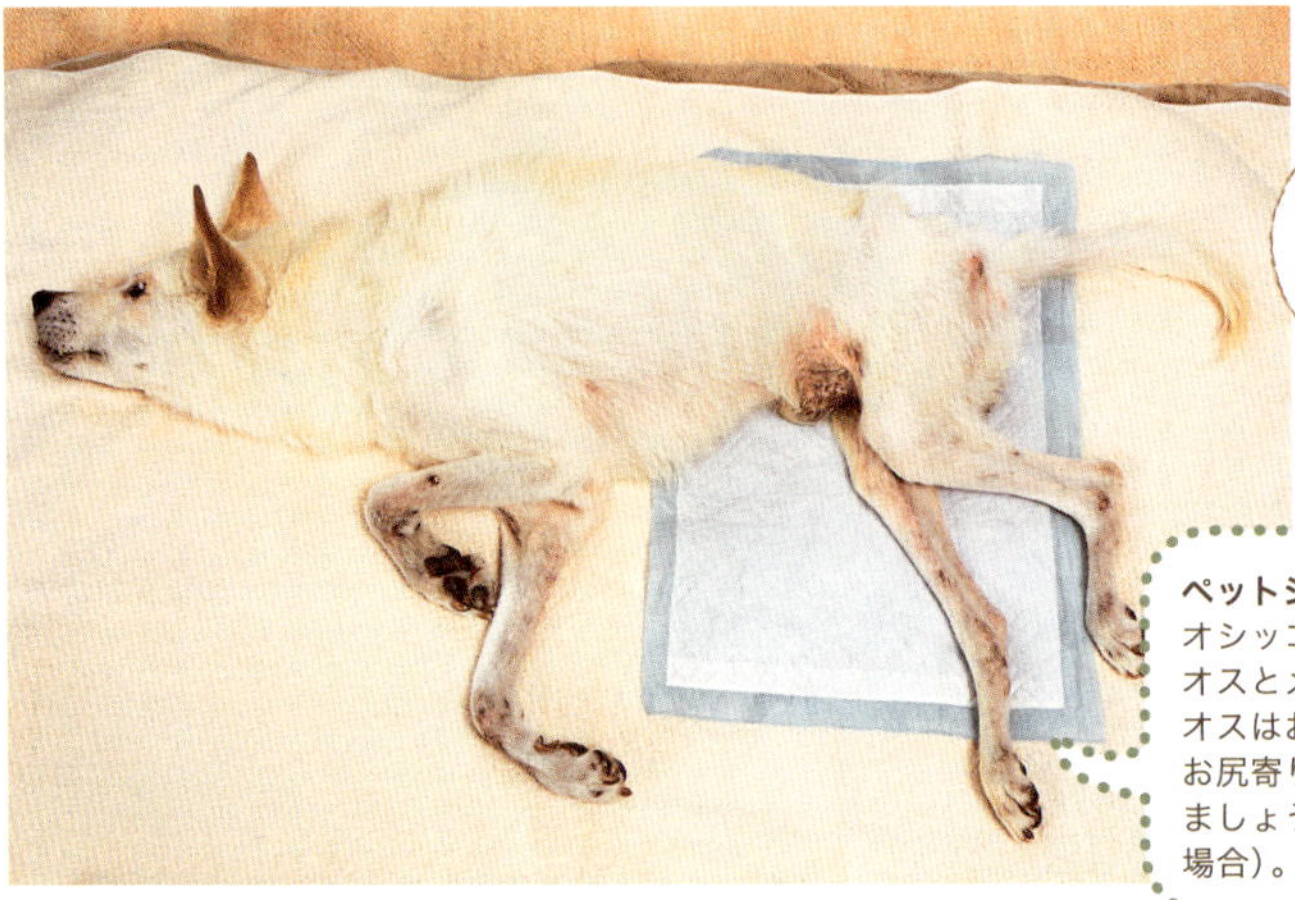

ペットシーツを敷く位置
オシッコで汚れる位置は、オスとメスで異なります。オスはお腹寄り、メスはお尻寄りに敷くようにしましょう（写真はオスの場合）。

愛犬が自力で動けなくなって、寝たきりになってしまったときは、ペットシーツを使うと便利です。

排せつ用として腰の下に敷くペットシーツは、小さめのものでも大丈夫。これなら手軽に取り換えられて経済的です。肛門や陰部にウンチがべったりくっつくことがないので、おむつをつけっぱなしにしておくよりも、体をふくお手入れもラクにできます。寝床の汚れ防止には、寝床にしている布団やマットを不要なバスタオルなどでカバーするといいでしょう。においが気になったら市販の消臭スプレーなどを使って消しましょう。

排せつ後は汚れやすい場所を清潔に

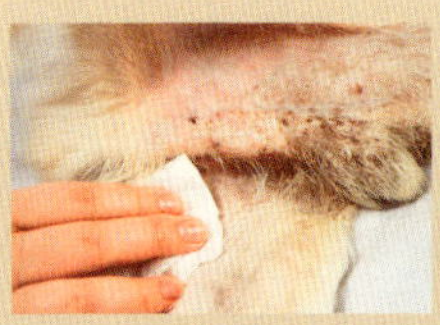
陰部は特に清潔に。片足を持ち上げて、股の部分にたまったオシッコをふきましょう。

体を持ち上げて、下側の胴の毛もウエットティッシュなどでふき、ペットシーツを取り換えます。

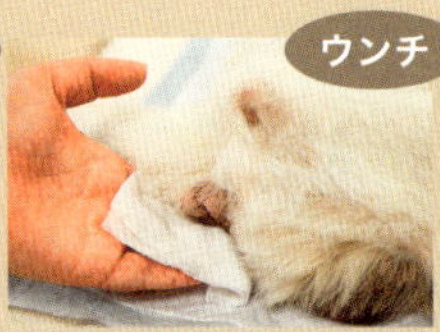

ペット用ウエットティッシュや濡らした脱脂綿、赤ちゃん用お尻ふきなどでふき取ります。

自力で排せつできないコは手伝ってあげよう!

オシッコが出ているように見えても油断は禁物。満タンになった膀胱からあふれたぶんが出ているだけで、自力で排せつできていなかったり、膀胱の機能の衰えで全部は出し切れていなかったりすることがあります。また、腸の動きが弱まるため、便秘になる犬もよくみられます。どちらも病気のリスクは高まるので、排せつの介助が必要。獣医師の指導を受けて、やり方を覚えておきましょう。

オシッコ

圧迫排尿

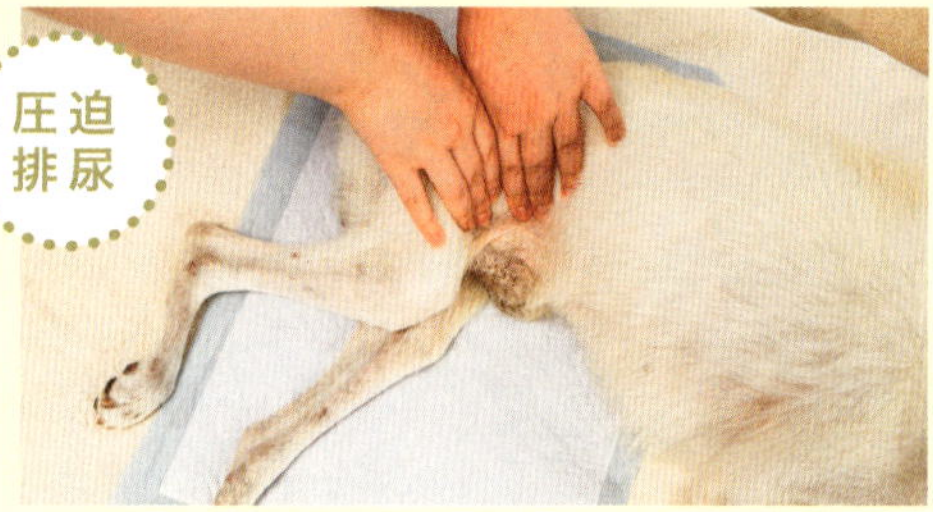

片手は膀胱の位置が頭側にずれないように押さえておき、反対の手で膀胱を少し強めに押してオシッコを出させます。

膀胱にオシッコがたまっているときは、下腹部が張っているような感じがします。空になっている状態と残っているときの状態を把握しておきましょう。排尿後に触ってみて残っていそうだったら、膀胱部分を押して出させる圧迫排尿をしましょう。

ウンチ

水分摂取量を増やす

フードに水を加えて、水分摂取量を増やし、ウンチをやわらかくして出しやすくします。ただし水分の与え過ぎには注意してください。フードにゆでたキャベツやおからなどの繊維質を足すこともおすすめです。

「の」の字マッサージ

P089でも紹介した、お腹に「の」を描くイメージでもみほぐすマッサージは、体の外から大腸を刺激し、ぜん動運動を促す効果があります。内臓の血液の循環をよくするという意味でも、体にいい便秘解消法です。

強制排便

ウンチを皮膚越しにつかんで押し出します。老犬の場合は肛門まわりの筋肉が落ちて飛び出した感じになっていることが多いので、そこをつまむようにして押し出すといいでしょう。

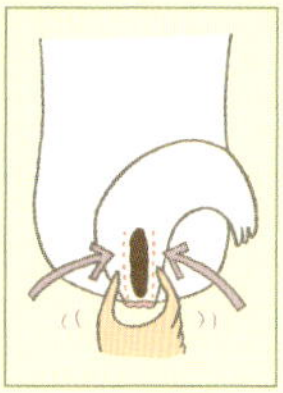

食事の介護

老犬になると、噛む力が衰えて固い食べ物が食べにくくなり、飲み込む力が弱くなりがち。そのうえ体が不自由になったり、病気にかかったりすると、食事の世話や介護が必要になってきます。

食事の介護のポイントは、３つあります。

１つ目は食べさせる姿勢。犬の体の構造上（くわしくは左記参照）、寝かせたまま食べさせると、食道の途中に食べ物がたまり、胃にきちんと送られません。そこで食事中や食後しばらくは、体を起こした姿勢にすることが大切です。

２つ目は食べ物の固さ。食べやすくするやわらかさの調節が必要です。状態によっては、固形食から流動食に切り替えましょう。

３つ目が水分を摂らせること。体を動かさなくなると、水を飲む機会が減りがちです。食べ物を胃に流しこむこと、そして口をすすぐ意味でも、食後には水を飲ませましょう。

寝たきりになった場合には、朝起きたとき、食後、昼寝のあとなど、生活リズムの中で、いつ水を飲ませるかをきちんと考えてあげることが大切です。

食事介護のポイント

頭を起こして食べさせることが何よりも大事

人間の食道は、ほぼ垂直なので食べ物は重力の力を借りて胃へ流れやすいのですが、犬の食道は途中でたわんでいるため、そこに食べ物がたまって胃にきちんと送られていないことがあります。そのうえ寝かせたままの姿勢で食べさせると、食道に食べ物が詰まって食道炎の原因になります。

寝たきりになっても、必ず頭を起こした姿勢で食べさせるようにしましょう。

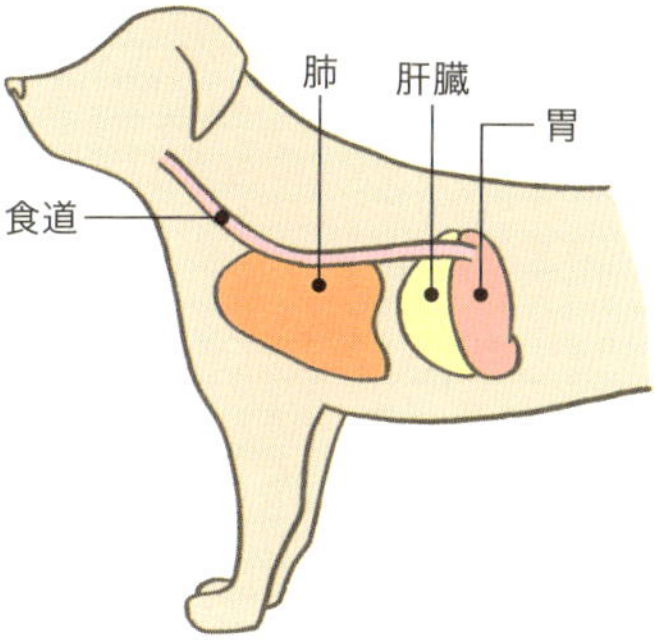

食道の弾力が衰えるため、若い犬より老犬のほうが食道のたわみが大きくなる傾向があります。

menu A
下を向いて食べるのがつらそうなコには…P098
menu B
立って食べられないコは…P099
menu C
固いものを飲み込みにくいコは…P100

食事の介護
menu A

下を向いて食べるのがつらそうなコには食器を高くしてあげる

←厚紙で手づくりした専用の台。首をあまり下げなくてもいい高さにしましょう。

↑水分補給のときも、水入れを台に載せると頭を下げずにすむのでラクです。

食器を床に置いて食事をさせると、口よりも食道や胃の位置が上に。重力に逆らって飲み込むことになるので、老犬にとっては負担が大きくなります。また頚椎に疾患がある場合は、頭を下げると首が痛くなって食欲が落ちることもあります。

立って食事ができる犬なら、食器を台の上に置いて位置を高くし、頭の位置を高くしてあげるといいでしょう。前足で踏ん張る力も少なくてすみます。

食事の台は犬用のものが市販されていますが、食べやすい位置に食器がくる高さがあって、安定感があるものならなんでもOK。植木鉢を置く台など、身近なものを使いましょう。

身近にあるグッズでわんわん御膳をつくろう

自然に頭を垂れれば届く高さにします。段ボール箱などを台にしてもいいですが、周囲に枠があるほうが食器が落ちないので便利です。100円ショップで売っている植木鉢を置くワイヤーの台は、高さもいろいろあるので選びやすいでしょう。

立って食べられないコは上体を起こして食べさせる

食事の介護
menu B

ママの体で上半身を受け止めるように抱っこし、片手で支えながら食べさせます。フセの姿勢でもOK。

食べ物が胃にきちんと送られず、食道炎の原因になることがあるのでやめましょう。

立って食べられなくなると、食べさせる手伝いが必要になります。いちばん警戒したいのが、寝たままの姿勢で食べさせて、食道に食べ物を詰まらせること。食べ物がきちんと胃へ落ちていきやすいように、上体を起こして頭を高くした姿勢をとらせましょう。

フセの姿勢ができるなら、食べやすい位置に食器を持ってあげて食べさせるといいでしょう。フセもできない場合、上体を持ち上げて支えながら食べさせます。大型犬で支えるのが大変だったら、座椅子やクッションに寄りかからせてずれないように支えてください。

あごだけを上に向けさせて食べさせるのは厳禁

上体を起こしても、あごを上に向けさせて食べ物をほうり込むと、誤って気管に入り込むことがあり危険です。頭が体より高い位置になるように支えながら、口の横から食べ物を入れてあげると安心です。

食事の介護
menu C

固いものを飲み込みにくいコはフードをやわらかくする

歯が悪くなったりして固いものが飲み込みにくくなったら、フードをふやかして食べさせます。それでも飲み込みにくいコには、流動食を。流動食を食べさせる場合も必ず、頭を高くして食べさせましょう。

ふやかしたフードや流動食には水分が多く含まれるので、水をあまり飲まなくなった老犬にとっては、食事と水分の補給が同時にできるというメリットがあります。

流動食はドライフードから手づくりすると、粒が残るなどして上手につくれないことがありますし、毎回つくるのでは手間もかかります。基本的には市販の犬用流動食を与えるほうが安心です。

流動食を食べさせるときは下にこぼしてもいいようにスタンバイ

水分の多い流動食は、食べさせるときに犬の口からこぼれ出やすく、口のまわりやママのひざなどを汚しがちです。タオルや小さめのペットシーツなどを口元に添えておくと、汚れ防止になります。

流動食のつくり方

普段は市販の流動食を使っていても、切らしてしまったときなどのために、手づくりする方法も知っておこう！

すり鉢の中にフードを入れて、ぬるま湯をくわえ、しばらく時間を置いてふやかします。すり鉢は人間の赤ちゃんの離乳食用のものを使ってもいいでしょう。

フードの粒がぬるま湯を吸って、ふくらんでやわらかくなったら、すりこぎなどでつぶします。ミキサーやフードプロセッサーなどを使うと手早くつぶせます。

粒がなくなり、なめらかな状態になればOK。ただし、犬が飲み込みにくそうだったり、食べさせる容器から出にくかったりしたら、水分量が多くなり過ぎないよう注意しながら固さを調節します。

流動食づくりのポイント

1 ぬるま湯を使う
熱湯を使うとフードの栄養価が損なわれる恐れがあります。

2 水分量が多くなり過ぎないように
かさが増えるため、食べ切れなくなって栄養不足になることがあります。

3 粒が残らないようよくつぶす
粒が残っていると、食べさせるときの容器の口に詰まってしまいます。

流動食をあげるのに便利なグッズ

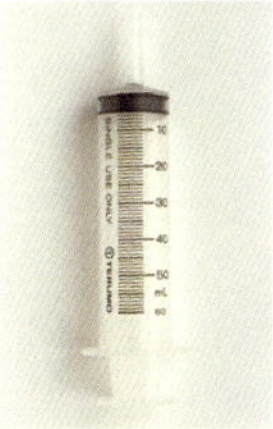

シリンジ
針のない注射器。中に入れた流動食を押し出せるので、最後まで食べさせやすくなっています。薬局などで売られている場合もありますが、流動食用に適当なものがない場合はかかりつけの動物病院で聞いてみましょう。

ドレッシング容器
身近にあるドレッシングやハチミツの容器などを利用しても。100円ショップでも購入できます。押しやすいように、本体のやわらかいタイプを選びます。

知っておけば役立つ

薬の飲ませ方

老犬になると今まで以上に薬を飲ませる機会が増えます。処方されることの多い錠剤・カプセル・粉薬・液剤の飲ませ方をマスターしておいて。

注意：砕いて服用してはいけない錠剤があるので、砕く場合は獣医師に確認を。粉薬を直接老犬の口に入れると、せき込むことがあるのでやめましょう。

薬の種類に合わせて飲ませ方をセレクト

錠剤　粉薬　カプセル　液剤

そのまま飲ませる

固形物を飲み込めるコはまずこの方法でチャレンジしてみて。

1

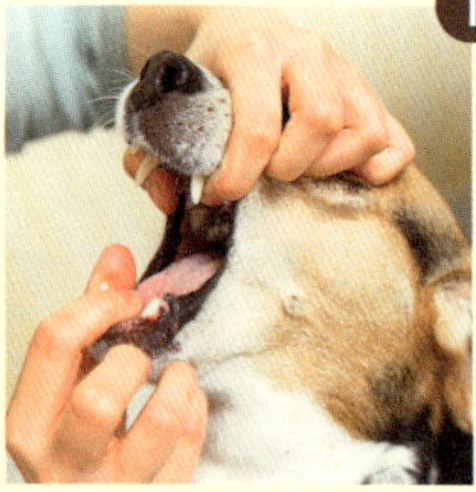

下あごをしっかり押さえ、上あごをつかんで大きく口を開けさせます。

2

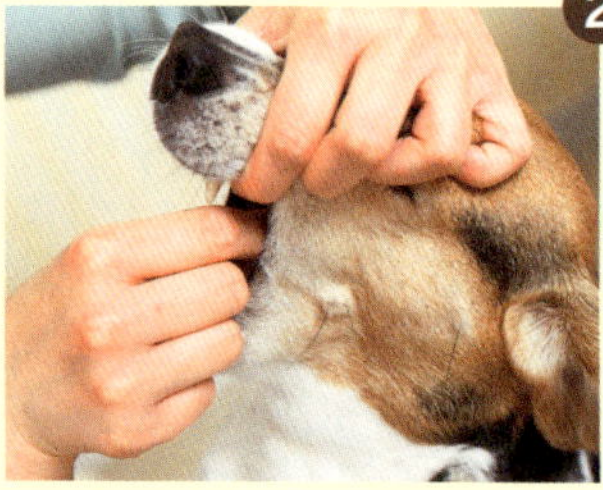

吐き出さないよう、なるべく口の奥のほうに錠剤を入れて口を閉じさせます。

あると便利！ピルクラッシャーの使い方

錠剤を砕いて粉にするための道具。薬をフードや流動食に混ぜたりするときに重宝します。

1

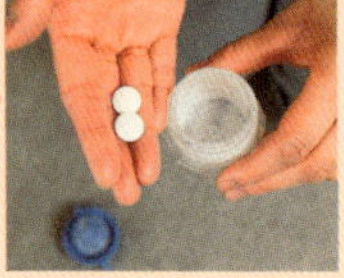

ピルクラッシャーの中に１回分の錠剤を入れます。

2

ふたを開け閉めするようにピルクラッシャーを動かします。

3

ガリガリという音がしなくなったらできあがり。

※ピルクラッシャーは薬局などで購入できます。ないときはかかりつけの獣医師に相談を。

好物に混ぜる

そのまま薬をあげると吐き出してしまうコや、好物を食べるときは丸飲みしてしまうコに。粉にすると流動食にも混ぜられます。

粉にしてトッピング

粉薬の場合はそのまま、錠剤の場合は薬をシートに入れたまま、すりこぎやトンカチなどで叩いて粉にし、犬の好物に振りかけて食べさせます。

好物にうめ込む

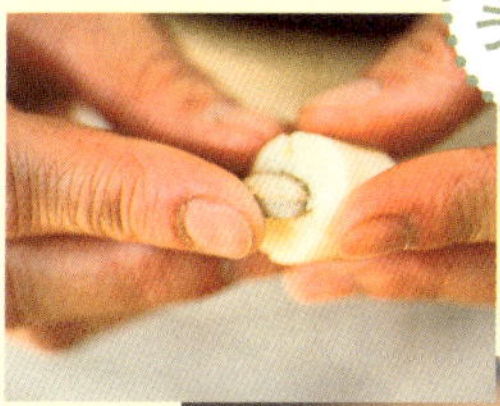

チーズなど、犬の好物に錠剤やカプセルをうめ込んで食べさせます。

シリンジやスポイトを使う

固形物が飲み込めないコや、好物に混ぜても吐き出してしまうコには、この飲ませ方がおすすめ。

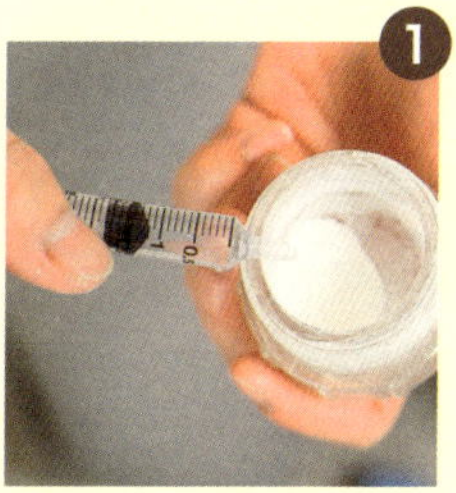

粉薬、カプセルの中身、錠剤を粉にしたものの場合は、深めの皿に入れ水をくわえます。

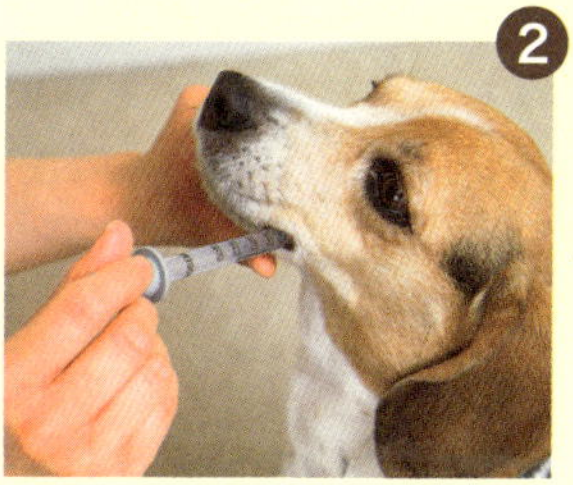

スポイトなら
❶または液剤をスポイトでとり、写真のように口の中に垂らして飲ませます。

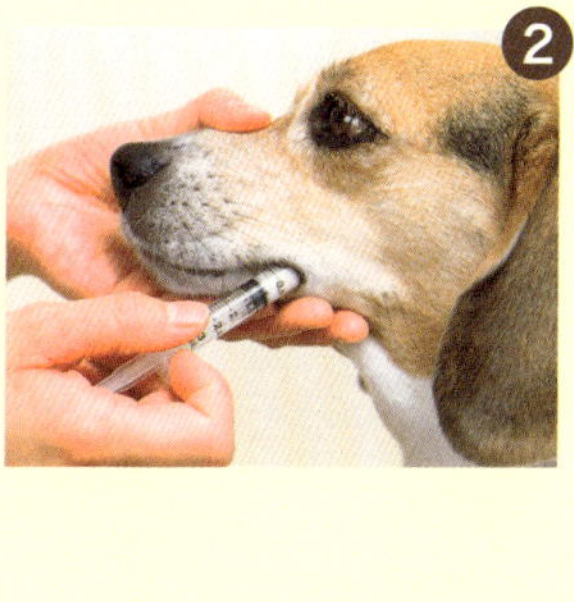

シリンジなら
❶または液剤をシリンジに入れ、閉じた口の横から入れて飲ませます。

入浴の介護

menu A

洗っている途中でふらつくコは弱い部分を支えながら洗う

入浴に時間がかかると体力を消耗します。準備を整えて、スピードアップを心がけてください。滑りやすい浴室の床には、転倒事故や、踏ん張ることで余分な体力を使うのを防ぐために、バスタオルなどを敷いておきましょう。

体を洗うときは、後ろ足が弱いと腰からくだけてお尻が落ちるなど、若いころとは違ったアクシデントが起きます。バランスを崩した犬を支えようとして、瞬間的にムリな力をくわえ脱臼させてしまうケースも。愛犬の体の弱い部分をしっかりサポートしながら洗うことが大切です。安全対策の面からも、作業効率の面からも、手伝う人がいるときに入浴させるのがベストです。

老犬にやさしいシャワーのコツ

老犬の入浴はくみ置き洗いが理想的ですが、シャワーを使いたいなら、使い方のコツをマスターしておきましょう。P105でも述べたように、皮膚や循環器に疾患のあるコは特に注意が必要です。

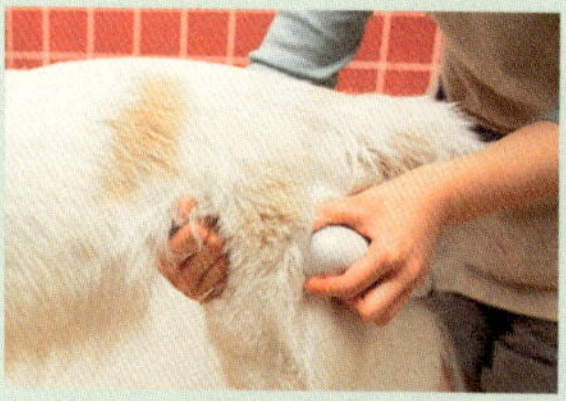

シャワーヘッドを手でくるむように持ち、犬の体にヘッドをあてると皮膚への刺激も少なく、湯気も立ちにくくなります。

体に負担をかけず入浴させるコツ

3つのポイントをつかむだけで、入浴時間はグッと短縮。犬もママも負担が減ります。

① おふろグッズを準備しておく

入浴から入浴後のボディケアまでの流れを考えて、必要なおふろグッズをすべて準備してから入浴させましょう。特にひとりで介護する場合は、「あ、○○がない」とあわてることが多いもの。使いたいときに必要なものが手の届く場所にあることが大切です。愛犬のそばを離れずにすむようにしましょう。

② シャンプーはお湯にといておく

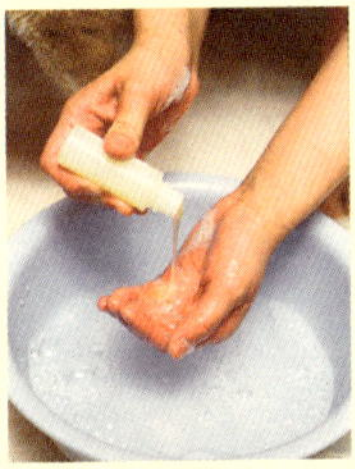

犬用の全身シャンプー剤は、入浴させる直前にあらかじめ洗面器などに入れて、お湯でといてよく泡立てておきます。洗い始めてから泡立てる必要がなく、片手でシャンプーを全身につけられるので、洗う時間が短縮できます。シャンプーをつける前に、愛犬の体をお湯でよく濡らしておきましょう。

③ シャワーではなくくみ置き洗いがおすすめ!!

すすぐときは、シャワーをかけるよりも、たくさんのお湯をザバーッとかけるほうが手早くすみます。入浴前にはたらいなどに適切な温度のお湯をためておきます。できれば入浴中もお湯をたらいに入れ続けて、常にためておくといいでしょう。

入浴後は手早く乾かそう

毛がびしょびしょに濡れたままになっていると、急激に体を冷やします。便利グッズを上手に使って、やさしく手早く乾燥させましょう。

吸水性の高いタオル

極細繊維でできているタオルは綿タオルの数倍の吸水力があります。綿タオルでふくのとくらべると、グッと手早く、やさしくふき取ることができます。

しぼって使えるタオル

水泳をしている人たちに愛用されているスポンジタイプのタオル。ミクロの穴があいていて、手触りはなめらか。ふくときに犬の毛がからむことがなく、一度にたくさん吸水でき、しぼればすぐに使えます。

立っていられないコは部分浴をさせる

入浴の介護

menu B

足の踏ん張りがきかなくなって、支えても長く立っていられなくなったら、部分浴をメインにしましょう。ウンチが毛の間に入り込むと、ふき取るのは難しいものです。ウンチやオシッコで体を汚したときは、たらいなどにお湯を張って座らせ、汚した部分だけを手早く洗って清潔にしましょう。

全身浴よりもスピーディーに洗えて、体力的にもラクなのが特徴。内臓などに疾患があって、体力の衰えが目立ってきても、部分浴なら気軽にケアできます。部分浴の場合も、体をしっかりサポートすることが大切。できれば２人以上で介助しましょう。

部分浴は、超小型犬なら洗面器、小型犬～大型犬ならたらいやベビーバスを使います。たらいやベビーバスは場所をとるため購入するのをためらいがちですが、部分浴に大活躍します。購入するときは、安定性のあるものを選びましょう。

老犬におすすめの入浴方法

代謝アップにおすすめ！

たらいやベビーバスなどにお湯を張り、発泡性の入浴剤をお湯の量に適したぶんだけ入れ、犬を入れます。発泡性入浴剤の効果で、血行がよくなり、代謝アップにつながります。

皮膚病対策におすすめ！

皮膚病の場合は、薬剤をお湯に溶かして沐浴させる「薬浴」という治療法があります。かかりつけの獣医師に処方してもらいましょう。

体に負担をかけず部分浴させるコツ

くみ置き洗いと同様に、手早く洗い、手早く乾かすことは大切です。また、たらいの中で滑ったり、たらいごとひっくり返ったりしてしまうケースも多いので、十分に注意しましょう。

1

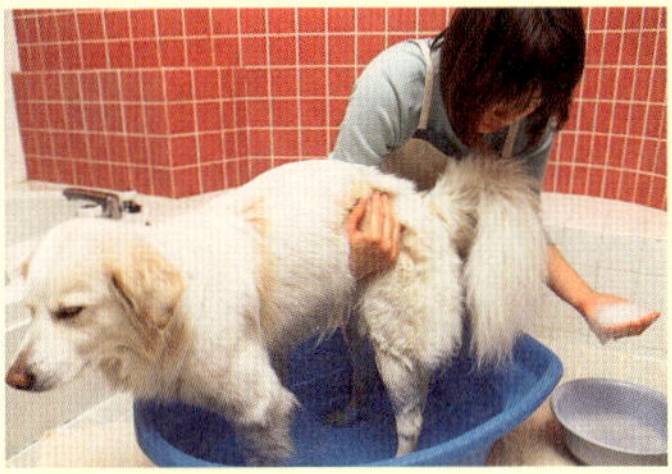

↑お腹の下から腕をまわし、後ろ足の付け根あたりを支えて腰を持ち上げます。

Check

↑シャンプーはお湯でといて、ドレッシング容器などに入れておくと手早く使えます。

2

汚れている箇所を中心に、ソフトに洗います。犬が前のめりにならないよう注意しましょう。

3

浴槽などにくみ置きしたお湯をかけて、手早くすすぎます。すすぎ終わったら、吸水性の高いタオル（P107参照）などでスピーディーに乾かしましょう。

寝たきりのコを部分浴させたいときは？

犬を浴室に運ぶ前に、すのこなどを浴室に敷き、10～15㎝程度の高さの角材や発泡スチロールのブロックなどで、左のようにすのこに傾斜をつけましょう。こうすると、お湯はすのこの下に落ちて流れるので汚物などが浴室の床を漂って再び犬の体を汚すことがありません。また、傾斜をつけることで、全身ずぶ濡れにさせずに、汚れた部分だけを洗えます。

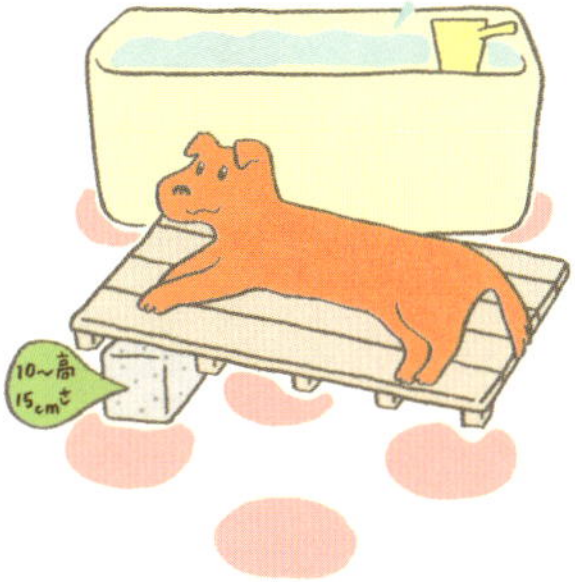

おふろに入れられないときは体をふいてリフレッシュ

体力のない犬や大型犬は、体をふいて清潔にしてあげるのがおすすめです。蒸しタオルでふくだけでもきれいにでき、ウォーターレスシャンプーを使う方法もあります。ただしウンチなどの汚れは、ふくだけでは落としきれないことがあるので、部分浴を行ってください。

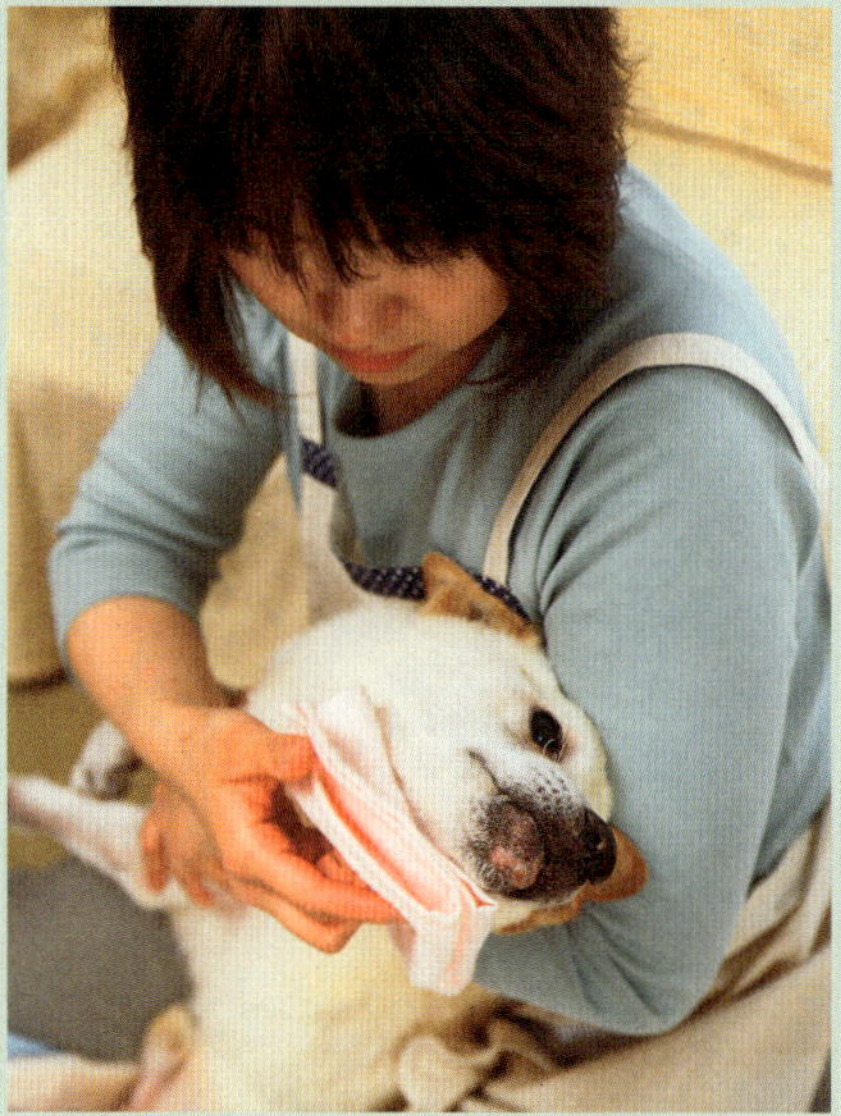

体をふくときは、毛の流れに沿って行いましょう。蒸しタオルは、濡らし過ぎないよう注意して。

蒸しタオルでふく

ただ寝ているだけでも、皮脂やほこりなどで犬の体は汚れてきます。このような汚れは、蒸しタオルでふいてあげるといいでしょう。

体をふくときは「天然孔《てんねんこう》」付近の汚れをチェック！

もっとも汚れやすいのは、体の中と外とを結ぶ天然孔と呼ばれる穴。お手入れでは、この付近を念入りにふきましょう。肛門や生殖器以外の天然孔付近は、特にデリケートなので、ウォーターレスシャンプーなどを使うときは注意しましょう。

さまざまな部位にある天然孔

ウォーターレスシャンプー

オシッコなどの汚れは、ほうっておくと皮膚トラブルや膀胱炎などの原因になります。汚れたら、こまめにふいてあげたいものです。オシッコ汚れを落とすのには、お湯を使わずに洗浄できるウォーターレスシャンプーがおすすめです。

タオルなどに、ウォーターレスシャンプーをかけてしみこませます。

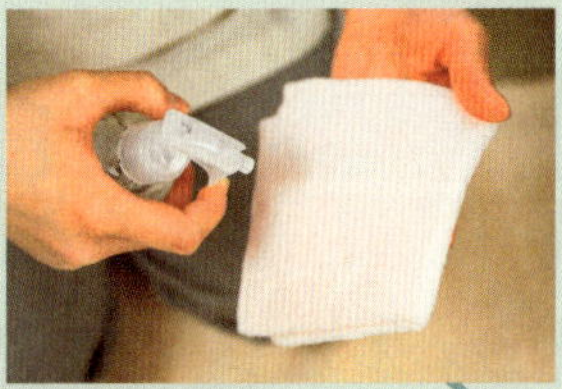

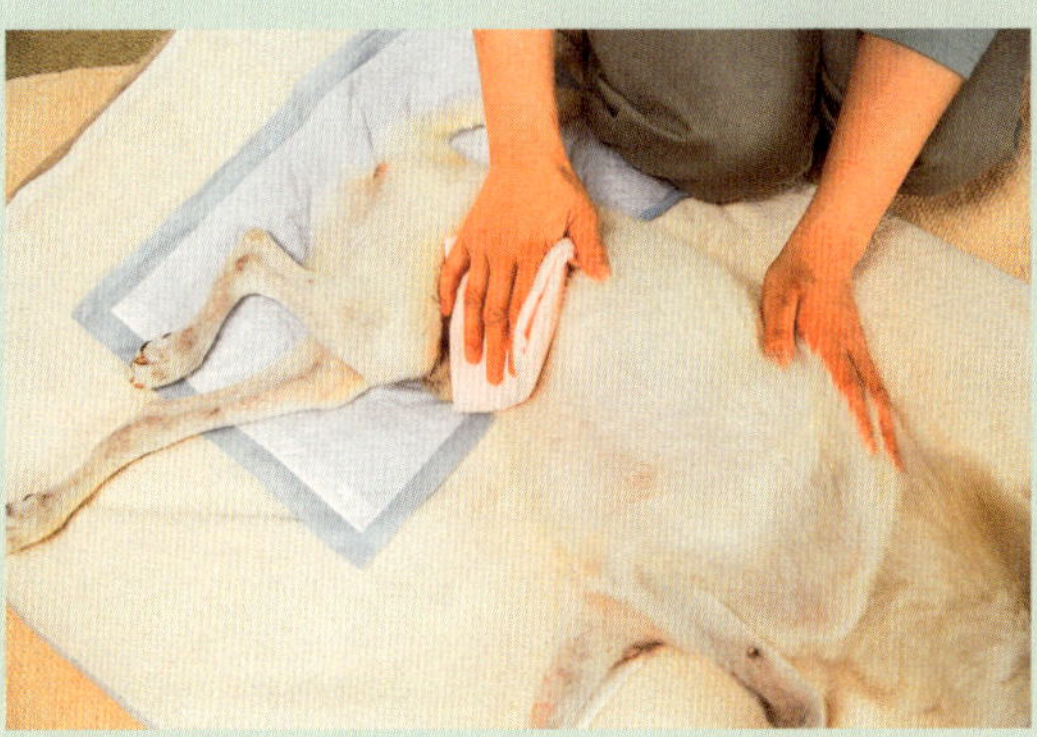

体の汚れが気になる部分をふきます。毛の流れに沿って、やさしくふくのがポイント。

ウォーターレスシャンプーを使うときのポイント

ポイント1 皮膚に刺激の少ないものを選ぶ

いろいろな種類のものが出ていますが、皮膚に刺激の少ないものを選んで使いましょう。選び方に困るときは、動物病院で相談してみてください。

ポイント2 つけすぎない

すすぎ不要のシャンプーですが、皮膚がビシャビシャになるほどつけると、老犬の体温を奪い体調を崩すきっかけになることも。適度な量でシャンプーしましょう。

ポイント3 ゴシゴシふかない

老犬のスキンケア全般にいえることですが、皮膚をゴシゴシこすって刺激するのはさけましょう。やさしくふき取るのが基本です。

床ずれの介護

人の場合と同様に、犬も寝たきりになると床ずれが起きます。床ずれは、皮膚の一部が壊死した症状のことで、長時間寝て過ごしている犬の皮膚に起きます。寝床と接している部分の皮膚に体の重みがかかって圧迫され、血液の流れが悪くなることが原因です。

床ずれは左の図のように進行し、あっという間に悪化してしまいます。寝たきりになったら、床ずれの予防をまっ先に考えましょう。血液の流れを滞らせないためには、同じ姿勢をとらせ続けずに、ときどき寝返りをうたせて姿勢を変える介護が必要ですが、頻繁な寝返りは大変。寝床の素材の工夫でラクな介護を目指しましょう。

床ずれの徴候が出てきたらその進行を食い止める介護が、本格的な床ずれになってしまうと獣医師のもとでの治療や家庭でのケアが、それぞれ必要になります。サインを見落とさずに適切なケアを行っていくには、愛犬の体をこまめにチェックして早めに対処する必要があります。

床ずれにさせないための基本のお世話

（床ずれができたコも含む）

●寝床づくり…P114
●寝返り…P116

床ずれの介護menu

menu A

床ずれの徴候が出てきたコは…P118

menu B

床ずれになってしまったコは…P120

※menu　A、Bは上記の基本のお世話にプラスして行いましょう。

床ずれ介護のポイント

床ずれはこう進行する

床ずれの進行度合によって、ケアの方法も変わってきます。そこでまず、床ずれがどのように進行するか知っておきましょう。

進行度1

毛が折れたり薄くなったりする

寝床に当たっている部分の毛が、折れたり切れたりしてきます。

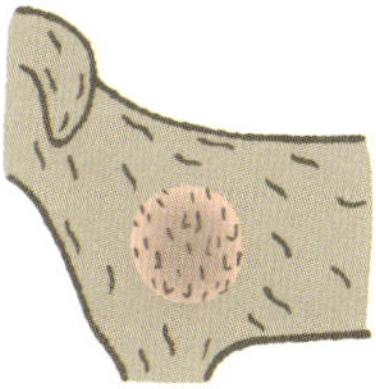

進行度2

皮膚が赤くなる

毛がすれてきている部分の皮膚が、赤みを帯びてきます。

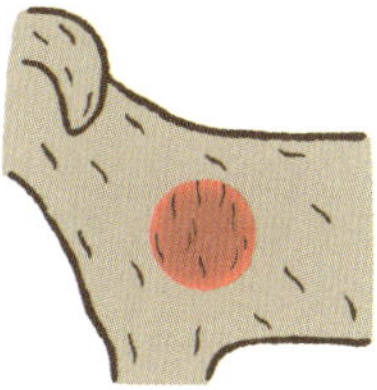

進行度3

水ぶくれができる

皮膚が薄くなって水ぶくれができ、触ると熟れ過ぎた桃のようにぶよぶよとした感じになります。赤みを帯びていた皮膚は白っぽくなります。

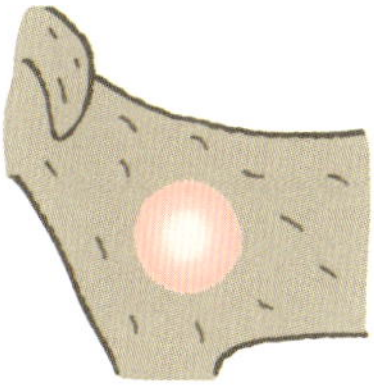

進行度4

皮膚がぐちゃぐちゃになる

水ぶくれがとれ、皮膚に穴が開きます。患部からは「滲出液《さんしゅつえき》」というケガを治そうとする液が出始めます。

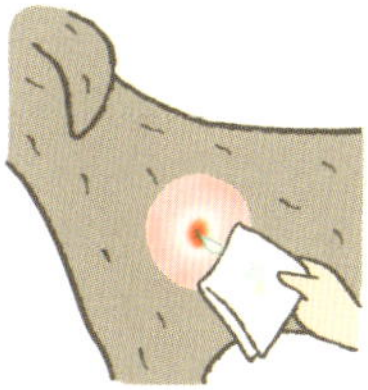

良質の低反発マットを用いれば、寝返りの回数も減らせ、介護もグンとラクになります。

床ずれにさせないための

基本のお世話

寝たきりになったコにはやわらかい寝床をつくる

寝たきりになってしまったら、まっ先に考えたいのが床ずれ対策。寝床をやわらかくするだけでも、皮膚への圧迫を減らす効果があり、床ずれ防止に役立ちます。

手軽にできるのが、梱包材に使われる気泡シートを数枚重ねて、寝床とシーツの間にはさむ方法。寝床がやわらかくなり、皮膚の圧迫を防げます。また、値段は張りますが、良質の低反発マットを使うのもおすすめです。犬専用のものでも、人間用でもかまいません。指などで押したときにゆっくりズシーッと沈み、すぐにかえってこないものを選びましょう。

気泡シートは介護のお役立ちアイテム

写真のような気泡シートは、寝床づくりにはもちろん、床ずれ防止のドーナツ枕（P118参照）をつくったり、入浴の介護などにも役立ちます。ホームセンターなどでメートル単位で売られているので、まとめて購入しておくと便利です。

波形ウレタンマットもおすすめ！

中のクッションの凹凸構造が体圧を分散させ、床ずれになるのを防ぎます。カバーは、光触媒加工（太陽や蛍光灯などの光を使って触媒作用を行い、有機物を分解・消臭する作用のこと）になっています。

快適クッション・光触媒加工カバー付き（問／D）

寝たきり犬の寝床をつくるときのポイント

すり傷防止

寝たきりになっても足が動かせると、床で足をこすったり、両足の狼爪どうしをひっかけたりして傷をつくりがち。傷ができるなら靴下を履かせたり、粘着性伸縮包帯を巻いて傷ができない工夫をしましょう（くわしくはP125参照）。

排せつ物で体を汚さない工夫を

もらした排せつ物がしっぽにつくと、ふいたり洗ったりのお世話が大変です。しっぽは最初から粘着性伸縮包帯でグルグル巻いておけば、汚れたときに包帯を取り換えるだけなので、お世話がラクです。

寝たきりになったコは ときどき寝返りをさせる

床ずれに
させないための
基本のお世話

×

寝かせたまま体を回転させると、内臓の位置がずれるので厳禁。

○

一度抱き上げて上体を起こし、体を回転させれば、内臓がずれたり、食道に残っていたものが逆流したりするのを防げます。

やわらかい寝床を用意しても、ずっと同じ姿勢で寝かせていれば床ずれができてしまいます。ときどきは寝返りを打たせるようにしましょう。

寝返りをさせるときに、寝かせたまま手足を持って回転させる人が多いのですが、この方法は厳禁。一度抱き上げて上体を起こし、反対側を向かせましょう。

寝かせたまま体を回転させると、重力の働きで正常な位置に収まっている内臓の位置がずれてしまいます。これは寝たきりの犬にとって非常に大きな負担です。また寝かせたまま寝返りさせると、食道にたまっていたものが逆流し、最悪の場合は気管に入って窒息する恐れがあります。寝返りは、必ず一度起こしてから行うようにしましょう。

寝返りのさせ方

正しい方法を知って、体に負担をかけないようにしましょう。

1

犬の肩と腰の下に手を差し入れ、抱き上げます。

2

お尻を一度ひざの上に乗せ、後ろ足が開かないよう手で押さえます。

3

犬のお尻を寝床に置かずに寝かせようとすると、ママがバランスを崩すことがあるので注意。

犬のお尻を寝床に置き、反対の向きにそっと寝かせます。

4

前足、後ろ足ともに重なり具合などを見て、圧迫されている部位がないか確認を。

床ずれの徴候が出てきたコはドーナツ枕を使う

床ずれの介護

menu A

進行度２以降

予防はもちろん、床ずれができてしまったコの患部の保護にも役立ちます。

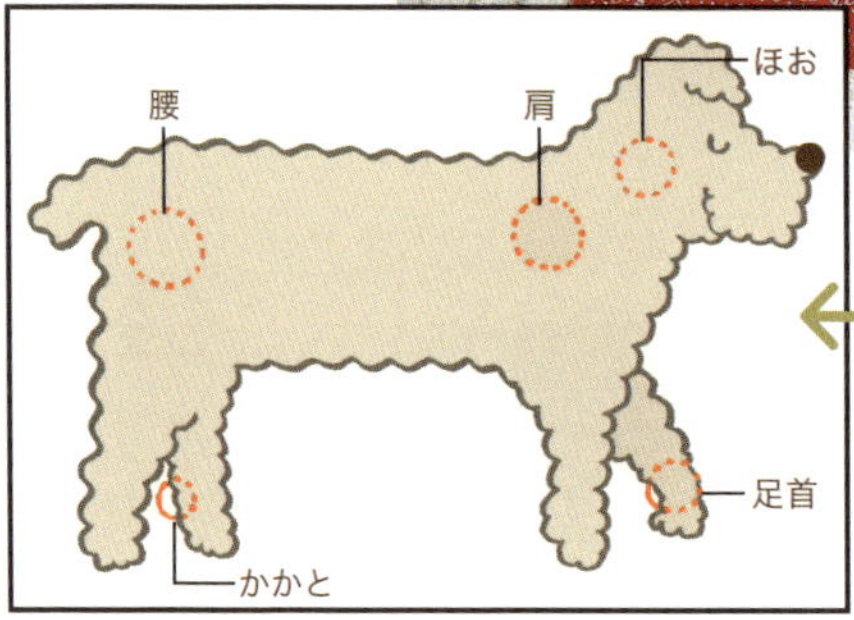

床ずれのできやすい部位はココ

骨の出っ張っているところや、肌と寝床がすれるところが、床ずれのできやすい部位です。寝たきりになったら、こまめにチェックしましょう。

P113で紹介した床ずれの進行度２、３の症状が出始めたら、本格的な床ずれになるまでは、あっという間。すぐに進行を食い止めるケアが必要です。赤くなっている部位や水ぶくれができている部位は、体の重みで圧迫されています。圧迫を取り除き、血液の流れをよくするために、患部を寝床から浮かす工夫をしましょう。

おすすめなのがドーナツ枕。患部が穴の部分にくるようにあてて、寝床から浮かせます。市販のものもありますが、身近にあるものを使って簡単に手づくりできます。

ドーナツ枕のつくり方

手づくりなら、床ずれの大きさに合ったジャストサイズのものができます。また床ずれの大きさが変わっても、手軽につくり替えられるのがメリット。

1

気泡シートをドーナツ状に切ったものを４～５枚用意します。中央の穴は、床ずれより若干大きめにあけます。

2

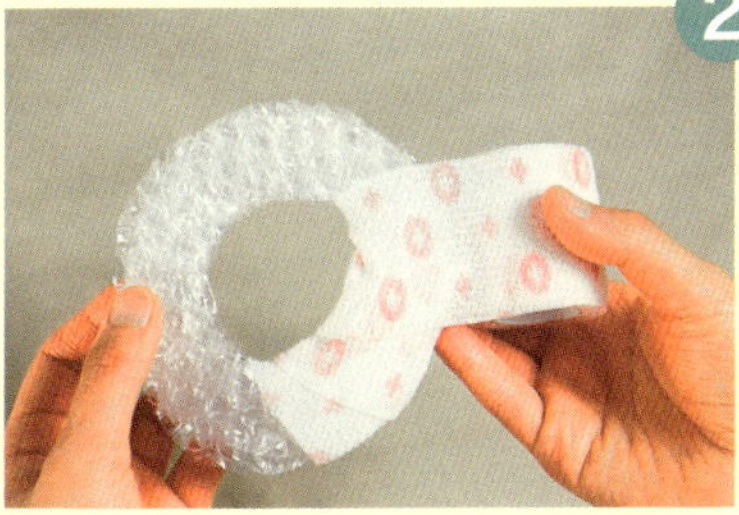

❶を重ねてずれないようテープで固定し、まわりを粘着性伸縮包帯でクルクル巻いていきます。

3

最後まで巻いたら、包帯をカットしてピタッとくっつければできあがり！

市販のドーナツ枕を利用しても

犬の介護グッズとして市販品も出ています。サイズが合えば、人間の赤ちゃん用のドーナツ枕を使ってもOK。

自力で歩ける犬から寝たきり犬まで役立つ

カチコチ筋肉にさせないための リハビリ方法

前足・後ろ足で踏ん張れない

フセの姿勢をとらせる

四肢で踏ん張れなくなってきても、上半身を起こしておく筋力はキープさせておきたいもの。関節の曲げ伸ばしをしてフセの姿勢をとらせることがリハビリになります。フセができると、食事の介護もラクになります。

後ろ足が踏ん張れない

サポートグッズを使って歩かせる

ハーネス付散歩補助パンツ（問／D）

P085で紹介したウォーキングベルトや歩行専用のサポートグッズを使って歩かせます。踏ん張れなくても、後ろ足を自分で動かす気持ちにさせること、前足を使って歩かせることがポイント。動けば全身の血行をよくする効果も得られます。

歩行時にふらつく

ハーネスを使って歩かせる

歩行は足腰の運動神経と筋肉を刺激し、ふらつき回復に役立ちます。姿勢を保つために必要な、背中の筋肉も鍛えられます。ハーネスを使って体に負担の少ない散歩を心がけましょう。P082を参考にしてください。

全身マッサージ

マッサージをすると、こわばった筋肉をほぐせます。血液の循環をよくする効果もあり、床ずれの予防やケアにも有効です。犬が気持ちよく感じる程度の力でケアし、痛がるところには触れないようにしましょう。

外科手術後や椎間板・関節の病気になったときなど、放置しておくと筋肉が衰え関節のじん帯が萎縮してこわばってきます。これでは病気とは関係のない足や、上半身まで不自由になりかねません。元気な老後を送るために、リハビリ法について知っておきましょう。

寝たきり

屈伸運動

寝たきりになってもリハビリは必要。屈伸運動をさせると、人が柔軟運動をするのと同じように、関節がこわばるのを防げます。力の入れ過ぎは事故のもとになるので注意しましょう。

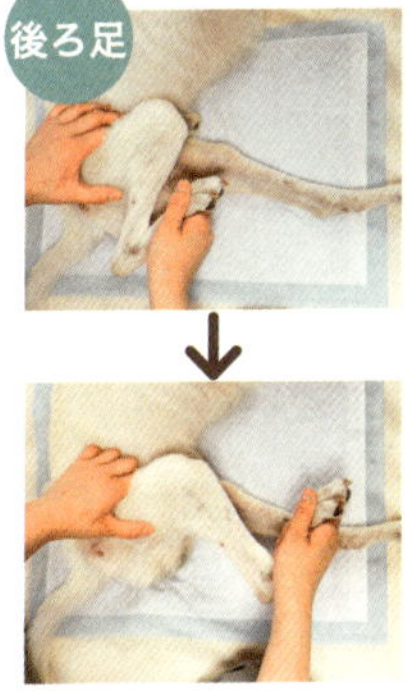

後ろ足も前足と同様に曲げ伸ばしをします。股関節もゆっくり動かしてあげましょう。

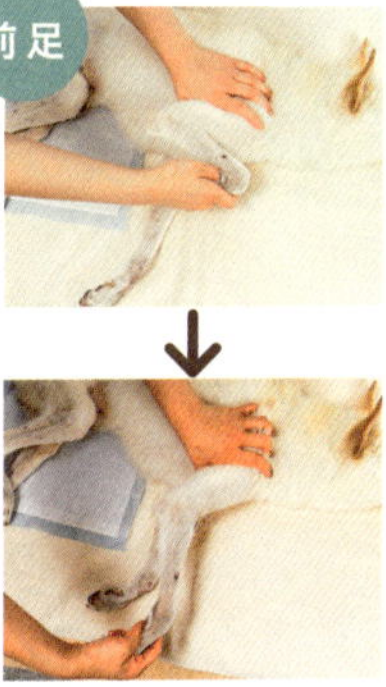

片手で足の付け根を押さえ、反対の手で関節をゆっくり曲げて伸ばします。

手のひらを使って、頭からお尻へと毛の流れに沿ってソフトになでさすります。

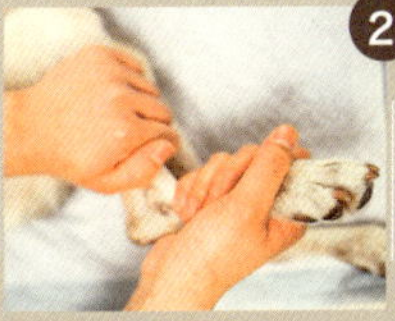

片手はすね、反対の手は足先を持ち、ゆっくりと足首を回したり、曲げ伸ばしたりします。

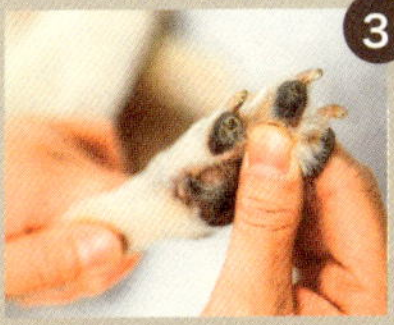

足の裏の肉球は、指の腹を使ってやわらかくもみほぐしたり、軽く押したりします。

老犬介護のギモンQ&A

介護を続けるうちに「こんなときどうすればいいの」と困ることもありますね。ここでは、飼い主さんからのギモンで多いものにお答えします。参考にしてください。

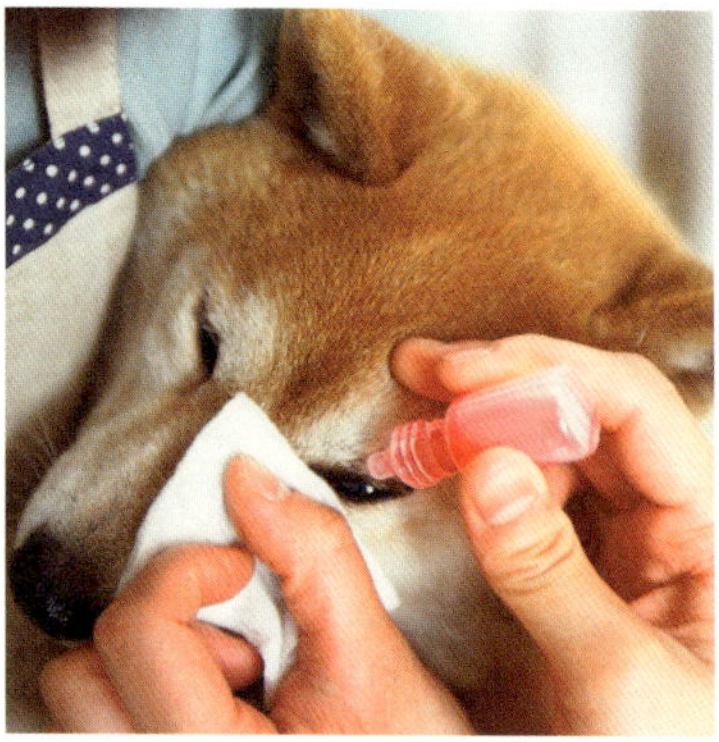

Q 目薬を上手にさすにはどうしたらいいの？

A

冷暗所に保存しているなら、点眼前に手のひらで温めておきましょう。あごを少し持ち上げるようにして上を向かせ、容器は見せないようにして、犬の背後か横から近づけます。目頭に目薬を垂らし、下まぶたを上下させ、目全体に行きわたらせましょう。

Q 寝たきりの犬に水を飲ませるときこぼしてしまいます

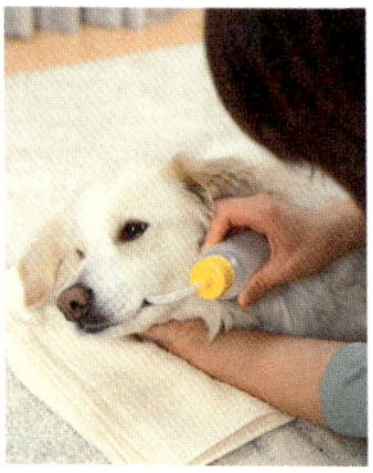

洗浄びん

ホームセンターや雑貨店のアロマテラピーコーナーなどで購入できます。

A

水入れの食器から飲めなくなったら、先の細いドレッシング容器に入れて、口の端に差し入れて飲ませます。また実験などに使う洗浄びんは、ノズルがアーチ状になっていて、逆さにしなくても飲ませられて便利です。

Q 動物病院で錠剤を1/2量服用させるようにいわれました。どうしたらいい？

A

むきだしの錠剤を切ろうとすると、滑ってうまくいきません。シートに入れたままカッターなどで切れば、錠剤が飛ばずにうまく切れます。

Q 寝たきりの愛犬が足をバタバタさせ、狼爪を引っかけてケガをします

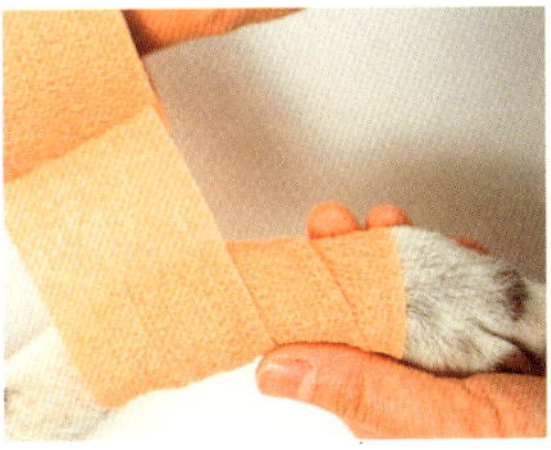

A

狼爪そのものを粘着性伸縮包帯で覆いましょう。狼爪をひと巻きしたら、2/3 ずつ重ねて巻きつけます。強く巻くとうっ血しますから、伸ばさずにゆるく巻いてください。包帯をかじって自分できつくしてしまうコもいるので、足にむくみが出ていないか、ときおり注意してみましょう。

Q 目を離すと寝たまま移動して肩にすり傷をつくってしまいます

A

寝たきりでも手足を動かして、寝たまま体を移動させるコがいます。すると床ずれができやすい箇所がこすれて、すり傷ができてしまいます。動いている様子だったら、上のように部屋のコーナーなどを使って、寝たまま移動させない工夫をしましょう。

Q 目や耳が不自由なコのお世話で気をつける点は？

A

いきなり体に触れられるとビックリする犬も多いもの。お世話の前に、目が悪かったらひと声かけて体に触れる、顔の前に手をかざしてにおいをかがせる、聴覚が衰えていたら顔を見せるなど、先にサインを出すといいでしょう。

ウォーキングベルトを手づくり

足腰が弱ってきた犬を、立ち上がらせるときや散歩させるときに役立つのがウォーキングベルト。バスタオルやフェルトを使ってつくる簡単な方法を紹介します。

身近にあるものでつくれるのがうれしい♡

バスタオルのウォーキングベルト

●材料

○バスタオル　1枚

※上記は中型犬の場合。超小型犬はスポーツタオル、大型犬の場合は大判のバスタオルがおすすめです。

つくり方

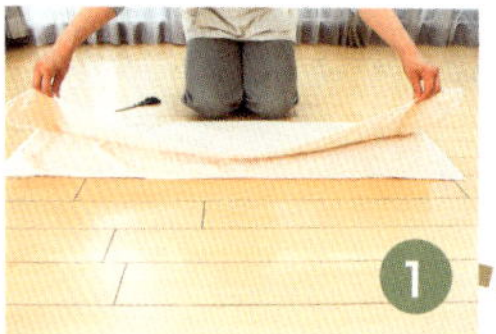

1 二つ折りにする

バスタオルを横に広げて、輪が手前になるように、二つに折り重ねます。

2 足穴の位置を決める

輪の真ん中が愛犬のお腹の中心にくるように両足の穴の位置を決め、輪にはさみを入れます。

3 切り込みを入れる

太ももが入る幅くらいになるまで切り込みを入れます。反対の足がくるあたりにも切り込みを入れます。

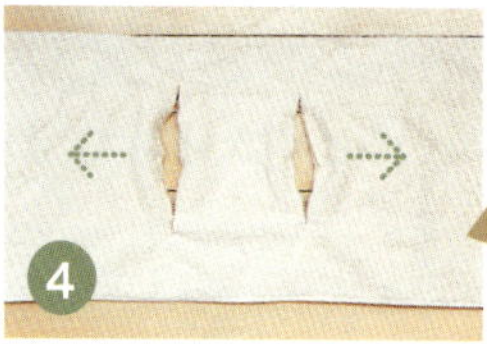

4 足穴を調節

愛犬にはかせてみて、足穴が小さいようなら横に切り込みを入れて穴を広げます。

介護グッズにもかわいさをプラス

フェルトのウォーキングベルト

材料を買う前に採寸しよう

下記の４箇所を採寸します。

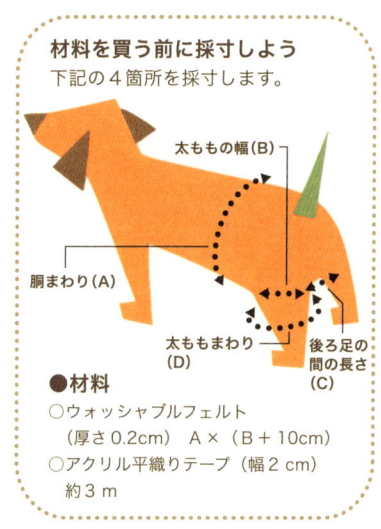

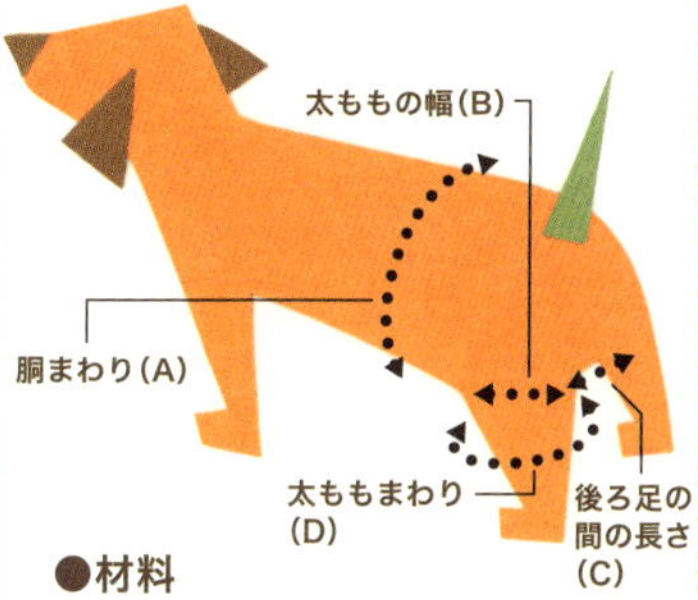

●材料

○ウォッシャブルフェルト（厚さ 0.2cm） A ×（B＋10cm）

○アクリル平織りテープ（幅２cm） 約３m

つくり方

① フェルトを用意

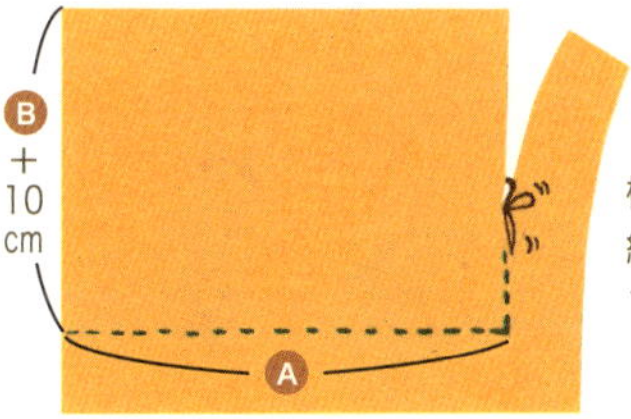

横（Aの長さ）、縦（Bの長さ＋10cm)のフェルトを用意します。

② 足を通す穴をあける

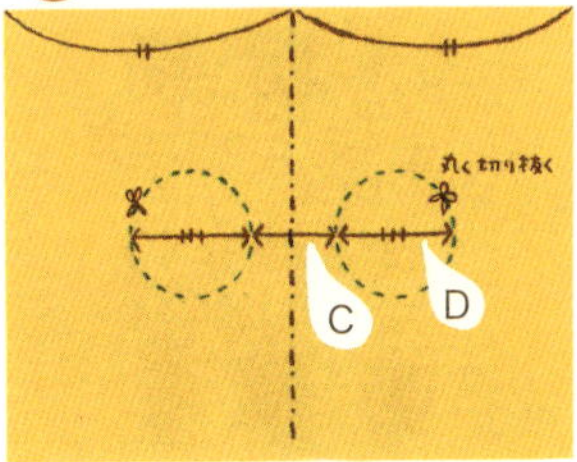

図のようにフェルトの中心にCの長さをとって印をつけ、すぐ横に直径Dの円を描き、その円をカッターやはさみで切り抜きます。

③ 持ち手をつける

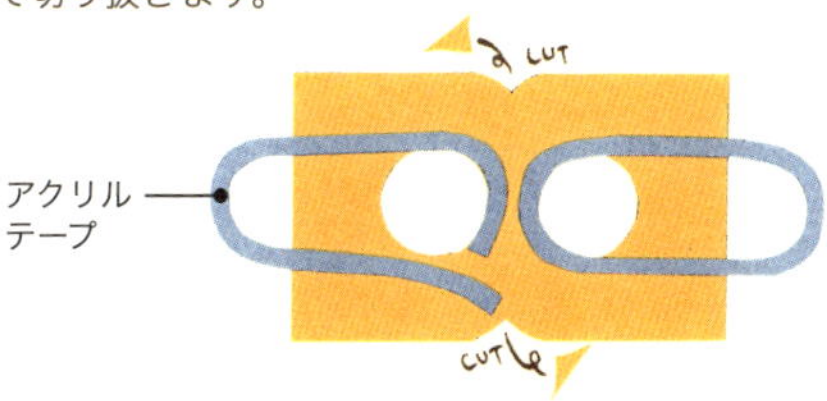

アクリルテープを図のように縫いつけて持ち手をつけ、フェルトの中央部を三角に切り取ります。犬に装着して、陰部を圧迫しているようなら、三角の切り取り部分をさらに大きくしてできあがり。

介護中は腰痛にご用心！

中腰での前かがみは、腰にもっとも負担のかかる姿勢。ぎっくり腰の原因にもなります。

抱っこや寝返りをさせるときは、写真のようにしっかりひざをつき、腰を安定させましょう。

愛犬の介護が始まると、抱っこや寝返りの介助、ペットシーツの交換時にムリな姿勢をとってしまい、腰を傷めがちです。特に大型犬の介護は、抱っこや寝返りのときにかかる腰への負担はかなりのものです。介護時の姿勢に気をつけましょう。

気をつけるべきポイントは、ひざを曲げて腰をしっかり安定させることです。たとえば抱っこをするときなら、しゃがみこむかひざをつくなどしてから動作に入ります。

抱き上げるときは、前かがみにならないことが大切。背すじをいったん伸ばし、腕の力だけに頼らず、胸やお腹も使って体全体で重みを受け止めるようにしてください。

4章

ボケたときのお世話 どうしたらいい？

〜夜鳴きなどの問題も、ちょっとした工夫で解決〜

犬がボケるって どういうこと？

犬も高齢になると、人の認知機能障害と似た、いわゆるボケの症状が出てくることがあります。原因には、老化による脳の神経細胞の衰え、自律神経機能の低下、脳の萎縮などがあげられていますが、はっきりしたことはまだわかっていません。

犬のボケの症状には、飼い主が認識できなくなる、排せつを失敗する、徘徊して家に帰ってこられなくなる、意味もなく夜鳴きをするなどがあります。発症する年齢は13歳くらいから。柴犬に多いとか、外飼いの犬に多いともいわれています。

人の場合と同じく、根本的な原因がわかっていないため、対症療法を行うしか手立てがありません。外飼

いだったら室内飼いにするなど、意識的に脳への刺激を与えたり、進行を遅らせたりする効果があるといわれるEPAとDHAのサプリメント（P142参照）を与えるのも効果的です。

自分の愛犬がおもらしなどの問題行動を示すようになったとき、ボケを疑う飼い主さんは少なく、たいていはしかるなどの誤った対応をしがちです。また、気がついても、愛犬の状態を素直に受け入れるまでには抵抗があるようです。しかし、少しでもボケの進行を遅らせて、愛犬との幸せな時間を長く共有するためには、まず現実を認識して適切な対処をしていくしかありません。

「おかしいな」「変だな」と感じたら、早めにP132のチェックをしてみましょう。「ボケ」との診断結果が出たら、その事実をしっかり受け止めて、愛犬のためにできることを考えましょう。

「うちのコ、なんか変」がすべてボケとはかぎらない

愛犬の様子に変なところが出てきたからといって、すべてがボケだとはいえません。夜鳴きは近所の猫がウロウロするようになったせいだったとか、呼んでも反応しないのは耳が悪くなったためだったということも。まっすぐ歩けなくなる前庭障害や、排せつで失敗しやすくなる膀胱炎など、ボケと間違えやすい症状が出る病気もあります。見極めるためにも、おかしいと思うところが出てきたら、動物病院を受診しましょう。

COSIPET リバーシブルキルトマット（問／A）

おうちで診断！

ボケの始まりチェックシート

「うちのコにかぎってまさか！」と思っているママも多いはず。でも年をとればボケるのは自然の流れ。老化なのかボケなのかを、早めに見極めて対処することが肝心です。

Check 1 食欲・下痢は？

A 以前と変わらない
B 異常に食べて、よく下痢をする
C 異常に食べて、ときどき下痢をする
D 異常に食べるが、ほとんど下痢をしない

Check 2 生活リズムは？

A 以前と変わらない
B 夜も昼も眠っていることが多くなった
C 昼にぐっすり眠っていて、夜に起きていることが多い。昼間飼い主が起こせば起きていられる
D Cの状態で飼い主が起こしても起きていられない

Check 3 方向転換の方法は？

A 以前と変わらない
B 狭いところに入りたがり、進めなくなるとなんとか後退する
C 狭いところに入ると、まったく後退できない
D Cの状態ではあるが、部屋の直角コーナーは転換できる
E Dの状態で、部屋の直角コーナーを転換できない

Check 4 歩行状態は？

A 以前と変わらない
B ふらふらとジグザグ歩きする
C 一定方向にのみ、ふらふら（大円運動）歩きになる
D 旋回運動（小円運動）をする
E 自分中心の旋回運動になる

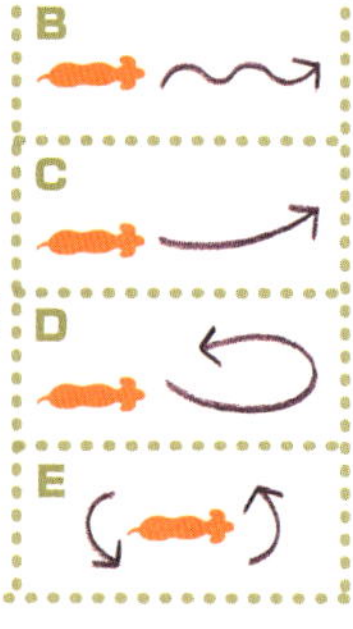

採点してみよう！

各項目に対する点数が書いてあるので、Check項目1～8の点数を合計してください。合計点数を下記の症状基準に照らし合わせて、判断の参考にしましょう。

Check 5
A 1
B 2
C 3
D 4
E 5

Check 6
A 1
B 3
C 7
D 8
E 17

Check 7
A 1
B 3
C 5
D 10
E 15

Check 8
A 1
B 2
C 10
D 12

Check1
A 1
B 2
C 5
D 9

Check 2
A 1
B 3
C 4
D 5

Check 3
A 1
B 3
C 6
D 10
E 15

Check 4
A 1
B 3
C 5
D 7
E 9

診 断 結 果

24点以下　ボケの心配ナシ
あなたの愛犬には老化現象がみられるもののボケの心配はありません。このままボケさせない生活を心がけましょう。

25～39点　ボケ予備軍
今の生活を続けていると、ボケになる恐れがあります。今すぐ「ボケ予防の生活（P134）」を始めてください。

40点以上　ボケの疑いアリ
あなたの愛犬はボケの疑いがあります。ボケの疑いがあっても回復の可能性は十分あります。早めに動物病院で受診しましょう。

※動物MEリサーチセンター・内野富弥先生の資料を参考に作成。

Check 5 排せつ状態は？

A 以前と変わらない
B 排せつ場所をときどき間違える
C ところかまわず排せつする
D 失禁する
E 寝ていても排せつしてしまう（垂れ流し状態）

Check 6 鳴き声は？

A 以前と変わらない
B 鳴き声が単調になる
C 鳴き声が単調で、大きな声を出す
D 真夜中から明け方など、決まった時間に突然鳴きだすが、ある程度制止が可能
E Dと同様で、決まった時間に鳴きだし、まったく制止できない

Check 7 感情表現は？

A 以前と変わらない
B 他人または動物に対し、なんとなく反応がにぶい
C 他人または動物に対し、反応しない
D Cの状態で、飼い主に対しても反応がにぶい
E Dの状態で、飼い主にもまったく反応しない

Check 8 しつけたことは覚えている？

A きちんと覚えている
B ときどき忘れることがあるが、また思い出す
C 部分的に忘れていることがある
D ほとんど忘れてしまっている

今日から実践！ボケ予防の生活術

穏やかで単調な日々の繰り返しは、脳への刺激が乏しくボケの原因に。外飼いから室内飼いに切り替えるなどの刺激によって、脳をシャキッとさせて、ボケを予防しましょう。

たくさん話しかける　その１

日中は愛犬だけがお留守番。誰かが帰ってきても、お世話するときしか話しかけられることがない。そんなコミュニケーション不足は愛犬にとってはストレスに。たくさん話しかけてコミュニケーションをとると、頭も気持ちも活性化します。話しかける機会を増やすためには、家族のそばに居場所をつくることがおすすめです。

スキンシップをはかる　その２

スキンシップは足りていますか？　視覚や聴覚が衰えてきた老犬だからこそ、触れ合いが大切。飼い主さんとのスキンシップは脳を心地よく刺激します。また、飼い主さんの気持ちが手のぬくもりから伝わって、起伏が乏しくなりがちな感情もイキイキ。ボディケアやリハビリなどで、スキンシップを心がけましょう。

散歩中に刺激をプラス　その3

散歩が排せつのための時間になっていませんか？　散歩で見る風景がいつもと同じでは、せっかくの外の世界も刺激になりません。家では味わえない刺激を与えましょう。ときにはコースを変えてみる、通り過ぎていた草むらで遊ぶ時間をつくる…そんなちょっとした刺激が、老犬に好奇心や遊び心をよみがえらせます。

子犬を迎える　その4

P042でも紹介したように、同居犬を迎えると大きな刺激になります。相手が元気のいい子犬だったらなおさらです。子犬との生活で、群れのリーダーとしての威厳を示してしつけをするのもよし、童心にかえって一緒にじゃれて遊ぶのもよし。うるさいと払いのけたり、さけて逃げ出すことだって、心と体への刺激になるでしょう。

DHA、EPAを摂取　その5

食生活の面からもボケ予防をしたいもの。注目の食材はイワシなどの魚類。魚類にはDHA（ドコサ・ヘキサエン酸）、EPA（エイコサ・ペンタエン酸）といった不飽和脂肪酸が含まれています。不飽和脂肪酸は体内で合成できない栄養で、血をサラサラにして神経細胞の働きを高める効果があります。P142も参考にしてください。

ママが明るくなって改善した例も多い

前にも述べましたが、ママが明るく前向きな気持ちになると、犬の気持ちも明るくなります。ボケ症状の始まりに悩まされたママが、ボケを受け入れ気持ちを切り替えて愛犬に明るく対応するようになったら、夜鳴きが治まったなどの改善がみられた例も。ボケ予防をするときも、ボケの徴候が出てきたときも、元気な笑顔を忘れないで。その笑顔が愛犬にとっては何よりの薬になるはずです。

ケース2
夜鳴きする

体内時計の狂いを正すには日光浴がいちばん！

　これといって理由もなく、単調で高い声で鳴くのはボケ症状のひとつ。また、ボケると昼夜が逆転する犬が多いようです。そこで起きるのが夜鳴きで、飼い主さんにとってはいちばんの悩みになりがちです。

　夜鳴きするとき、最初に見極めたいのが、本当に鳴く理由はないのかということ。体の痛みや寒さ、寝床が硬くて痛いなど、体調不良や環境への不満が原因で鳴いている場合もあります。思い当たることがあったら、解決して愛犬の不安を取り除きましょう。

　夜中に鳴かせないためには、昼は目覚めて夜は熟睡するという形に体内時計を修正するのがポイント。体内時計は日光に当たると調節できるので、寝たきりでも窓際に寝床を移動して、日中はひなたぼっこをさせましょう。散歩や室内遊びなどで運動すると、昼寝の時間が減らせて夜鳴きが減る場合もあります。

寂しがって鳴いているなら抱いてあげよう

　老犬になると体が衰え、自分の身に起こっている「老い」に混乱を覚えて、その不安からママを求めて鳴き続けることもあります。そんなときはそばにいたり、抱っこしたりしてあげましょう。

　やむをえない場合、精神安定剤などの薬で眠らせる方法もありますが、薬には副作用があるので、判断が難しいところです。かかりつけの獣医師に相談してください。

ケース3 おもらしする

おむつやペットシーツを使えば掃除の手間はグンと減らせる

おもらしもボケの症状のひとつ。オシッコがたまった感覚がわからなくなり、排せつのコントロールが難しくなります。そのうちに決まったところでするというトイレのしつけを忘れてしまい、ところかまわずおもらしをするようになります。おもらししたあとは、オシッコの汚れを嫌がって、鳴き叫ぶ犬が多いようです。

ボケからきたおもらしは、しかっても効果がなく、新しい場所をトイレとしてしつけ直すということもまずムリと考えてください。対策としては、おもらしに対処する方法を考えるしかありません。

動き回る場合は紙おむつをはかせます。寝たきりになったら寝床の上にペットシーツを敷きましょう。3章のP093から紹介した、排せつについての箇所を参考にケアしてください。

ボケていても、本能的に体の汚れやにおいには敏感なものです。紙おむつもペットシーツも汚れたらすぐに取り替えて、快適にしてあげましょう。

泌尿器などの病気かもしれません

尿の量が増えているなら、腎臓病、糖尿病、生殖器の疾患などの恐れが。また回数が増える、いきむ、血尿などがみられたら、膀胱炎などの疑いがあります。動物病院で受診しましょう。

ケース4
異常に食べる

一日の食事回数を増やして食べたい気持ちに応えてあげよう

　認知症の老人が、ごはんを食べたのに「まだ食べていない」といい張って、ひっきりなしに食べたがることがありますね。それと同じように、ボケ症状が出てきた犬も食事をもらう場所で鳴いて催促するなど、時間に関係なく食べたがることがあります。これは脳の老化にともなって、満腹中枢が衰えたり、記憶力や時間の感覚が低下してきたりしたためです。

　ボケ症状による異常食欲の場合は、いつもよりも少し多めに食べさせても、太ったり下痢をしたりという症状がないのが特徴です。しかし要求するままに与えては、食べ過ぎによって吐いてしまうなど、体によくありません。

　一日に与えるごはんのトータル量はあまり増やさないことがポイント。フードを少量ずつに分けて与えてみましょう。食べる機会を増やしてあげると、吠える回数は減らせます。

低カロリーのおやつをあげよう！

　異常に食べるからといって、太ったり、吐いたり、下痢をしていたりしなければ、それほど神経質になる必要はありません。ごはんを食べたあとも欲しがるようなら、カロリーの低いおやつを与えるのも手。P150で紹介する野菜のヘルシーチップスなどをつくってみてはいかが？

バッチフラワーレメディ、レスキューレメディ（すべて問／F）

ケース5 攻撃する

不安感からくる攻撃性には植物の癒しパワーが効く

老犬は、体の痛みや視覚・聴覚などの衰えからくる不安から臆病になりがち。臆病になると引っ込み思案になったり、逆に攻撃的になったりします。飼い主を認識できないボケ症状のある犬は、攻撃的になると吠えたり暴れたりするようになります。

攻撃的な行動は臆病な気持ちの裏返しで、根っこにあるのは不安感。その気持ちを理解して、急に体に触れない、やさしく声をかける、痛がるところに触れないなど、接し方を工夫すると、攻撃的な状態が落ち着くこともあります。

人や犬の心を癒やすものとして、アロマテラピー（P146参照）が有名ですが、最近注目されているのはバッチフラワーレメディ。レメディは植物や岩清水を原料にしたエッセンスで、38種類それぞれに、おびえや寂しさなどマイナス状態の心を癒やす効果があるとされています。必要があれば数種類ブレンドして使います。フードに数滴たらして与え続けたら様子が落ち着いたという例も。自然のもので体に害はないので、試すのもいいでしょう。

「アロマテープ」を使うのもおすすめ

ユーカリ、ラベンダー、ローズマリーなどのエッセンシャルオイルを特殊な基材に染み込ませた「アロマテープ」を首輪につけておくと、攻撃が鎮静する場合もあります。当院でも入院中で攻撃的な行動に出るコに使用すると、効果がみられることが多くあります。このアロマテープは動物病院で処方してもらってください。

ボケを予防するサプリメントがあった！

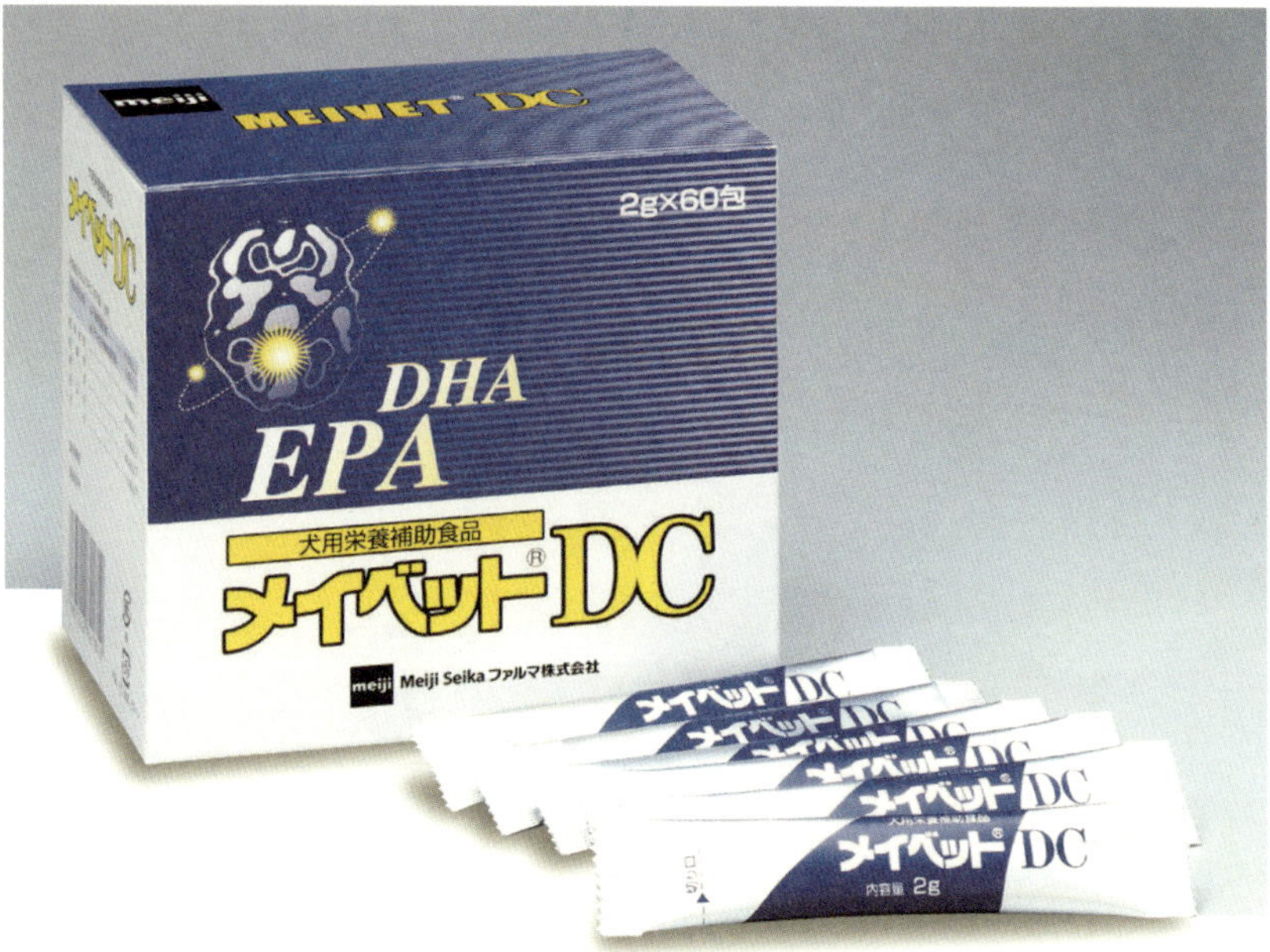

犬用栄養補助食品 メイベットDC 2ｇ×60包
製造元／（株）キティ　販売元／Meiji Seika ファルマ株式会社

犬のボケに特効薬はありません。しかし研究によって、ボケの犬の場合、血液の中のある成分が少ないという特徴がみられました。

その成分がＤＨＡ（ドコサ・ヘキサエン酸）とＥＰＡ（エイコサ・ペンタエン酸）。このサプリメントを与えたらボケの行動が改善されたというケースもあります。まだ予防効果を検証したデータはありませんが、免疫機能を高めるなど若返り効果もあるサプリメントなので、予防として試してみるといいでしょう。

※このサプリメントは、動物病院で処方してもらってください。

5章

老犬を元気にする ハッピー・マジック

ママも犬も一緒に楽しめてハッピー♥

日常のうるおいが犬の笑顔を引き出す

犬の生活の基本は「食べる」「寝る」「遊ぶ」。しかし、年をとると減りがちなのが「遊ぶ」ことです。人間なら、老人会の旅行や忘年会、老人介護施設の花見や夏祭りなどのイベントがありますね。楽しい時間を過ごすと、心が明るくなるし、健康状態にもよい影響があります。

犬だって同じ。若いころのようには遊べなくても、ちょっとした楽しみや生活のうるおいが、老犬にやる気を取り戻させてくれます。うちの動物病院の運動会では「マテができるか競争」とか、「ママ探し競争」などの種目で楽しんでいますが、ここには老犬たちも参加。「うちのコはこんなことができるんだ」とママを感激させたり、これをきっかけに外に出る元気を取り戻したりしています。

犬が心から遊びを楽しむとき、欠かせないのは大好きなママの笑顔がそばにあることです。この章では日常にうるおいを与えるアイデアをいくつか紹介します。ぜひ愛犬との楽しい時間を共有してください。

DOG・TOY パステルハート、Ball Park（すべて問／C）

Shadowing

シャドーイング

COSIPET フリースブランケットロール（問／A）

まねっこ遊びで愛犬の心に寄り添う

シャドーイングとは、行動や言葉などをまねて理解を深めようとする方法。心理学の手法や、外国語の学習法として聞いたことがある人もいるでしょう。

愛犬のあとを追って行き隣に寝そべる、鼻をなめたらあなたもなめる、また別の場所へと一緒に移動する……。この場所は涼しい、ここは床が硬いなど、まねてみて気づくことがあるはず。愛犬の気持ちを知り、心に寄り添うことができる遊びがシャドーイングなのです。

あなたの心を寄り添わせる姿勢、共感する気持ちは犬にも伝わって、心がなごむくつろぎの時間になるでしょう。

Aromatherapy

アロマテラピー

老犬生活に
うるおいをプラス！

効能で選ぶおすすめ精油

効　能	精油名
リラックスさせる	ひのき、サンダルウッド、ローズ、ネロリ
元気にさせる	オレンジ、グレープフルーツ、ゆず、プチグレン、レモングラス
免疫系を強くする	ローズマリー、ラベンダー、ユーカリ

愛犬と芳香浴をする際は

- ●犬が嫌がる香りの精油は使わない
- ●使う精油量は１滴程度にとどめる
- ●やけどなどの事故に注意

心地よい香りで愛犬とともにリラックス

ストレスフルな人びとの心身を癒す手段として、注目されているアロマテラピー。精油の種類によって、リラックス作用などさまざまな効能があります。アロマテラピーは犬にも効果があり、介護生活に取り入れると、犬とともにママの心も癒されます。

使う精油は、上のリストの効能を見て選んでもいいのですが、とりあえずはママの好きな香りを使いましょう。犬のいるスペースで、アロマライトやアロマフアンなどを使って芳香浴を楽しんだり、アロマオイルを使ってマッサージしたりするのがおすすめです。

今日から始めよう♪♪

アロママッサージ

ベースオイル10mlに精油を2滴垂らして0.1%のマッサージオイルをつくります。それを手のひらにつけてすり合わせて温めてから、背中から毛並みに沿ってなでさすります。

首まわり

首の付け根を軽くつかんで、引っ張って伸ばします。これを何回か繰り返します。手のひらで筋肉をもむようにマッサージしてもいいでしょう。

顔

ほおをやさしく引き上げ、首のほうへ向かって、ゆっくりとしぼるような感じでマッサージします。目の上は指の腹で軽くもんだり、顔の中心から外側へ指を滑らせます。

目頭

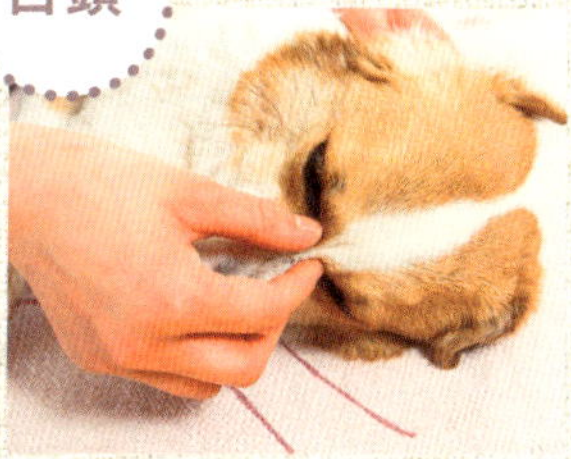

目頭部分は親指と人差し指でつまみ、やわらかくもみほぐします。

犬にアロママッサージをする際は

- 犬が嫌がる香りの精油は使わない
- マッサージオイルの精油濃度は0.1%以下に
- 毛の流れに逆らわないようにする

Oyatsu

手づくりおやつ

老犬生活に うるおいをプラス！

おやつをつくっている最中から
ママも愛犬もワクワクするね

手づくりしたおやつで食べる楽しみをプラス

毎日の食事はフードが主体でも、ちょっとしたおやつは食べさせてあげたいですね。散歩仲間と一緒に味わう、トレーニングのちょっとしたごほうび。そんなときのおやつこそ、ぜひママの手づくりで。少量のおやつは食欲アップにつながり、生活のアクセントにもなります。

老犬向けのおやつは、素材の脂肪分が少なく砂糖は使わない低カロリーのものがおすすめです。食べやすいやわらかさにすること、少量ずつ与えられることも大切です。季節や行事に合わせたおやつを意識するなど工夫を凝らして、ママもおやつづくりを楽しみましょう。

チョコ風カップケーキ

チョコ風味の
正体は「豆」

ワンポイントアドバイス

キャロブパウダーはイナゴマメのさやの粉末。調理中は納豆のようなにおいです。これがなければ薄力粉を40ｇに。

●材 料

卵　1個

薄力粉　30ｇ	A
キャロブパウダー　10ｇ	
ベーキングパウダー　小さじ1/4	
重曹　　小さじ1/4	

オリゴ糖　大さじ1/2
はちみつ　大さじ1/2
牛乳　大さじ1
オリーブオイル　大さじ1
かぼちゃのみじん切り　大さじ1

※分量は直径約5cmのカップケーキ型3個分。

●つくり方

1. ボウルなどに卵を溶きほぐし、はちみつとオリゴ糖をくわえてよく混ぜ、さらに牛乳を混ぜます。
2. Aの材料を合わせてふるい、**1**にくわえます。
3. **2**にオリーブオイルをくわえて混ぜ、なじんだらかぼちゃをくわえます。
4. 電子レンジ対応のカップに流し入れ、ふんわりとラップをかけ700Wで1分30秒加熱します。電子レンジの機種により加熱時間は多少異なります。

三色かき餅

**トッピングしだいで
いろいろな味に**

●材 料

スライス餅 （鍋用の薄いお餅） 溶けるチーズ 桜えび 青のり	量は適宜

●つくり方

1. スライス餅は半分に切り分け、水にくぐらせます。
2. 1に溶けるチーズ、桜えび、青のりをトッピングします。
3. テフロン加工のフライパンを熱し、油をひかずに弱火で焼きます。ときどき裏返しながら、パリパリになるまで焼くのがコツ。

ワンポイントアドバイス

フライパンにオーブンシートを敷いて焼くと洗い物の手間が省けます。トッピングはお好みで替えても大丈夫。

野菜のヘルシーチップス

**ノンオイルで
低カロリー**

●材 料

さつまいも かぼちゃ にんじん	量は適宜

●つくり方

1. 野菜は2㎜ほどの厚さにスライスします。
2. さつまいもは水にさらしたあと、ペーパータオルで水けをふき取ります。
3. 電子レンジの皿にオーブンシート、ペーパータオルを敷きます。
4. 3に重ならないように野菜を並べ、500Wで1分30秒加熱し、野菜を裏返します。
5. 野菜がカラカラに乾燥するまで、4を繰り返します。

※糖分の多い野菜は焦げやすいので目を離さないよう注意して。

ワンポイントアドバイス

おやつにも普段のごはんのトッピングにも活用できます。しっかり乾燥させれば1か月ぐらい保存できます。

桜餅

卵アレルギーでも安心！

おいしそうだワン！

ワンポイントアドバイス

桜の葉の塩漬けの代わりに、白玉粉を青汁の粉末で着色。花見の季節につくって楽しみたい、甘さ控えめのおやつです。

●材 料

白玉粉　30 g
小麦粉　50 g
水　110cc
食紅　適量
青汁の粉末　適量
さらしあん　50 g
はちみつ　小さじ 1/4
オリゴ糖　小さじ 1/4

●つくり方

1. 白玉粉に水をくわえ、ダマがなくなるまでよく混ぜます。
2. **1** に小麦粉をくわえ、なめらかになるまで混ぜます。
3. **2** を「3：2」の割合で分けます。少ないほうに青汁の粉末を加えて緑に色をつけます。多いほうは、水で溶いた食紅でピンクに色をつけます。
4. テフロン加工のフライパンを熱し、**3** を入れてだ円に焼きます。緑はピンク（直径約 4cm の大きさ）よりひと回り小さく焼きます。それぞれ両面を焼いたら冷まします。
5. 鍋にさらしあんを入れて、はちみつとオリゴ糖、分量外の水を適量くわえ、火にかけて焦がさないように煮ます。全体に火が通ったら冷まして丸めます。
6. 丸めた **5** のあんをピンクの皮で巻きます。
7. 緑の皮をはさみで葉っぱの形にカットし、**6** を包みこみます。

迷子防止首輪（室内用）

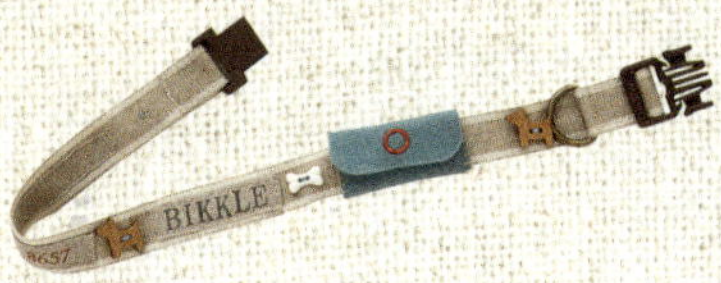

連絡先や鑑札をセットでき
いざというときも安心

●材 料

○平織りアクリルテープ（2cm 幅）1 本
　犬の首まわり＋ 13cm
○テープまたはリボン（1.6cm 幅）　適量
○テープアジャスター（2cm 幅用）　1 個
○Ｄカン（2cm 幅）　1 個
○飾りボタン　適宜
○フェルト（縦 13cm × 横 5cm）1 枚
○スナップボタン　1 組

1 パーツをつくる

フェルトは縦 1/3 の部分を折って端を縫い、スナップボタンをつけます。適当な長さに切ったテープ（リボン）に名前や連絡先などを布用スタンプで押したりマジックで書いたりして、両端を折っておきます。

アジャスターとＤカンを通す 2

2cm 幅テープにアジャスター、Ｄカンをイラストのように通し、テープの端を三つ折りにしておきます。

パーツをつける 3

イラストのようにテープを外側に折り込んで縫い、❶でつくったパーツと飾りボタンをバランスよく縫いつけて完成。

自然派素材のマットは
老犬の体にもやさしい

ガーゼのふんわりマット

●材 料

○ワッフル織りオーガニックコットン　1枚
（縦1m×横1m）
○三重麻ガーゼ　1枚
（縦1m×横1m）
※生地のサイズは犬の体の大きさに合わせましょう。
上記は中型犬サイズです。

① 3辺を縫う

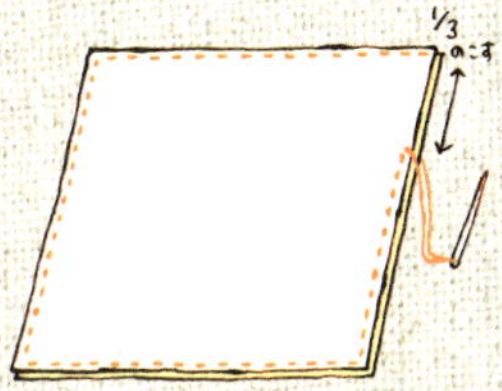

オーガニックコットンと麻ガーゼを中表に重ねて、三辺と残り一辺の2/3を縫います。

② 裏返して残りを縫う

表に返して、縫っていない部分を縫えば完成。

疲れたらどこでも休憩できる
老犬との散歩の必需品

どこでもマット

●材 料

○キルティング生地　1枚（縦1m×横1m）
○リボンまたはバイアステープ（2cm幅）
4m20cm
○リボン（1cm幅）　50cm
※生地のサイズは犬の体の大きさに合わせます。上記は中型犬サイズ。

① 端の処理をする

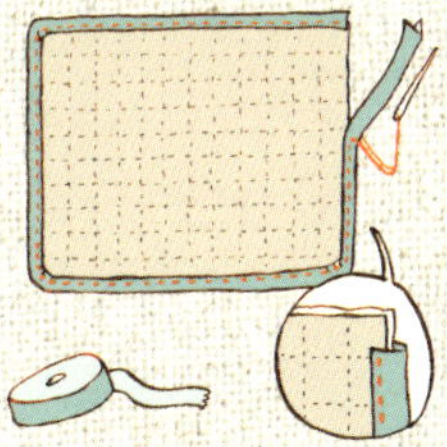

イラストのように2cm幅リボンを二つ折りにし、キルティング生地の端を挟んで縫っていきます。

② とめひもをつける

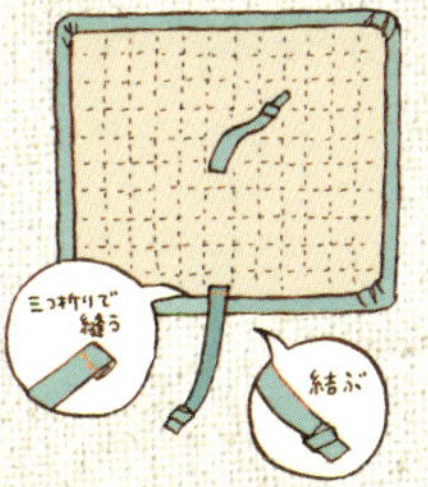

1cm幅リボンを半分に切り、どちらも一方の端を三つ折りにし、逆の端は結んでとめひもをつくります。イラストのように、ひとつはマットの中心に、もうひとつは辺の中心につけて完成。

コラム⑤

いくつになってもママと一緒のお出かけは楽しい♡

ボーダーバッグ＜Puchi Bag＞（問／C）

うちで飼っていた犬は、出かけようと荷物を置くと「僕も忘れるな」とばかりに荷物の上に乗り、ケージにも自分から入っていました。飼い主さんとどこかに出かけるということは、犬にとってはとても楽しいことなんですね。いつもと違う気分になれて、めずらしい景色や新鮮な空気を満喫すると、犬も元気になります。

ウキウキした気分の飼い主さんとウキウキした気分で出かけられるなら、行き先はどこでもかまいません。ただ、その犬に応じた運動量や条件がありますから、足腰に負担のかからない場所や、駐車場から近いところなどを考えて。お出かけ先でも愛犬のペースに合わせてあげましょう。

注意してほしいのがお出かけ先での事故。視覚や聴覚が衰えてきた老犬の場合、これまで以上に飼い主さんの注意が必要です。草むらの穴に落ちる、落ちていた空き缶や刃物でケガをする、釣り針が刺さるなどの事故例があります。周囲の状況をよく見て、事故が起きないよう気をつけてください。

6章

早く気づいて
ひどくさせない老犬の病気

～老化現象と間違えないで～

「もう年だから」という思い込みが病気の発見を遅らせる

飼い主さんの中には、愛犬の元気がないことに気づいても「年だから仕方ない」と病院に連れていかない人がいます。しかし、じつは単なる老化から治療が必要な病気へと進行していることが多いのです。

高齢だから仕方がない、犬は10年くらいしか生きられない、との思い込みが病気の早期発見を妨げて、結果的に愛犬の寿命を縮めてしまいます。犬だからこそ、まして老犬だからこそ、病気の進行は早く、体力もあっという間に衰えます。病気の老犬を1日ほうっておくことは、病人を1週間、10日間と放置することと同じです。

「もう年だから」とあきらめないこと。それが、あなたの愛犬を元気に長生きさせるヒケツです。早期に病気を発見し、適切な治療を受けさせれば、再び元気な老犬生活を送れる可能性があります。そのために、5歳からは年に1回、7歳からは年に2回の健康診断を受けることをおすすめします。

次ページからは老犬に多い病気を中心に、犬の病気の症状や予防法について紹介していきます。これを単なる知識に終わらせず、病気の早期発見の手引きとして役立ててください。

病気予防や早期発見につながる 4つのポイント

1 定期的な健康診断

ママがチェックするだけでは見落としてしまう小さな病気のシグナルも、動物病院で行っている健康診断を受ければ発見できることがあります。5歳以降は年に1回、7歳以降は年に2回、定期的に健康診断を受けましょう。

2 ボディケアで健康チェック

病気のサインを見つけるのに最適なのがボディケア。ボディケアは犬の全身を触るので、しこりや腫れなどの病気のサインの発見につながります。変化をチェックするためには、普段の愛犬の状態を知っておくことも大切です。

3 予防接種はきちんと行う

狂犬病、混合ワクチン、フィラリア予防などを、「うちのコ、もう年だから必要ないわ……」とやめていませんか？

抵抗力の落ちている老犬が、万一これらの病気にかかれば取り返しのつかないことになります。予防接種は必ず受けましょう。

4 愛犬がかかりやすい病気を知る

犬種別にかかりやすい病気を知っておき、早めに対処することが大切です。たとえば椎間板ヘルニアになりやすいなら頻繁に階段の上り下りをさせないようにする、アレルギーになりやすいなら食事に気をつけるなど、早くから気を配ることが病気の予防につながります。

※犬種別のかかりやすい病気はP160参照。

人気犬種20種の先天的にかかりやすい病気一覧です。あなたの犬のかかりやすい病気を知って、病気の予防に役立てましょう。ただし、この表に印がついていないからといって、その病気にかかる危険性がまったくないというわけではありません。

	マルチーズ	ビーグル	柴犬	トイ・プードル	キャバリア・キング・チャールズ・スパニエル	シェットランド・シープドッグ	パグ	コッカー・スパニエル	ウエスト・ハイランド・ホワイト・テリア	ジャック・ラッセル・テリア	フレンチ・ブルドッグ
				●		●		●			
		●						●			
		●		●				●			
	●			●	●						
	●			●		●	●				
				●				●	●		
	●			●						●	
		●		●						●	
				●		●		●			
	●			●							
		●				●		●		●	●
		●						●			
							●	●	●		
			●					●	●	●	●
			●								

あなたの愛犬がかかりやすい 病気をチェック！

	ミニチュア・ダックスフント	ウェルシュ・コーギー・ペンブローク	チワワ	シー・ズー	レトリーバー種	ヨークシャー・テリア	ポメラニアン	パピヨン	ミニチュア・シュナウザー
精巣腫瘍（停留精巣）	●					●	●		●
肛門周囲腺腫	●								
椎間板ヘルニア	●	●		●					
僧帽弁閉鎖不全症			●	●		●	●		
気管虚脱			●			●	●	●	
気管支炎			●			●	●		
糖尿病	●				●	●			
副腎皮質機能亢進症／クッシング症候群	●			●		●	●		
甲状腺機能低下症	●				●		●		●
歯周病			●	●		●	●	●	
白内障	●				●				
緑内障			●						
乾性角結膜炎／ドライアイ			●	●					●
アレルギー				●	●				
認知障害／ボケ									

さまざまな要因が遺伝子に異変を起こす

老化のほか、下記のような要因から遺伝子に傷がつくと、細胞は無秩序に増殖して腫瘍になります。高齢になるほど、遺伝子に傷がつく機会が増え、増殖を抑制する機構がなくなって腫瘍になりやすくなります。ほかの臓器にも転移する腫瘍を悪性腫瘍、または「がん」と呼び、良性腫瘍とは区別しています。

「がん」は皮膚、内臓、血液、骨とあらゆるところにできます。予防の決め手はありませんが、要因を減らせれば、リスクを軽減できます。また、早期発見すれば、手術や抗がん剤で治療できます。定期的な健康診断を受けるとともに、しこりを意識してボディケアを行い、体にサインがないかをチェックしましょう。異変を感じたらすぐに受診することが大切です。

老犬がかかりやすいがん

精巣腫瘍（せいそうしゅよう）

精巣に起きる腫瘍。腫瘍細胞が雌性ホルモンを出して、乳腺が大きくなるなどメス化することも。多くは良性ですが悪性のがんもあります。精巣が正しい位置にない「停留精巣」という病気の犬は、リスクが高まります。

乳腺腫瘍（にゅうせんしゅよう）

避妊していない高齢のメスがもっともよくかかる病気で、乳腺にしこりができるのが特徴。悪性腫瘍の危険性は約50%で、その半数は肺やリンパ節に転移がみられます。悪性腫瘍の炎症性がんは、病状が急速に進行します。

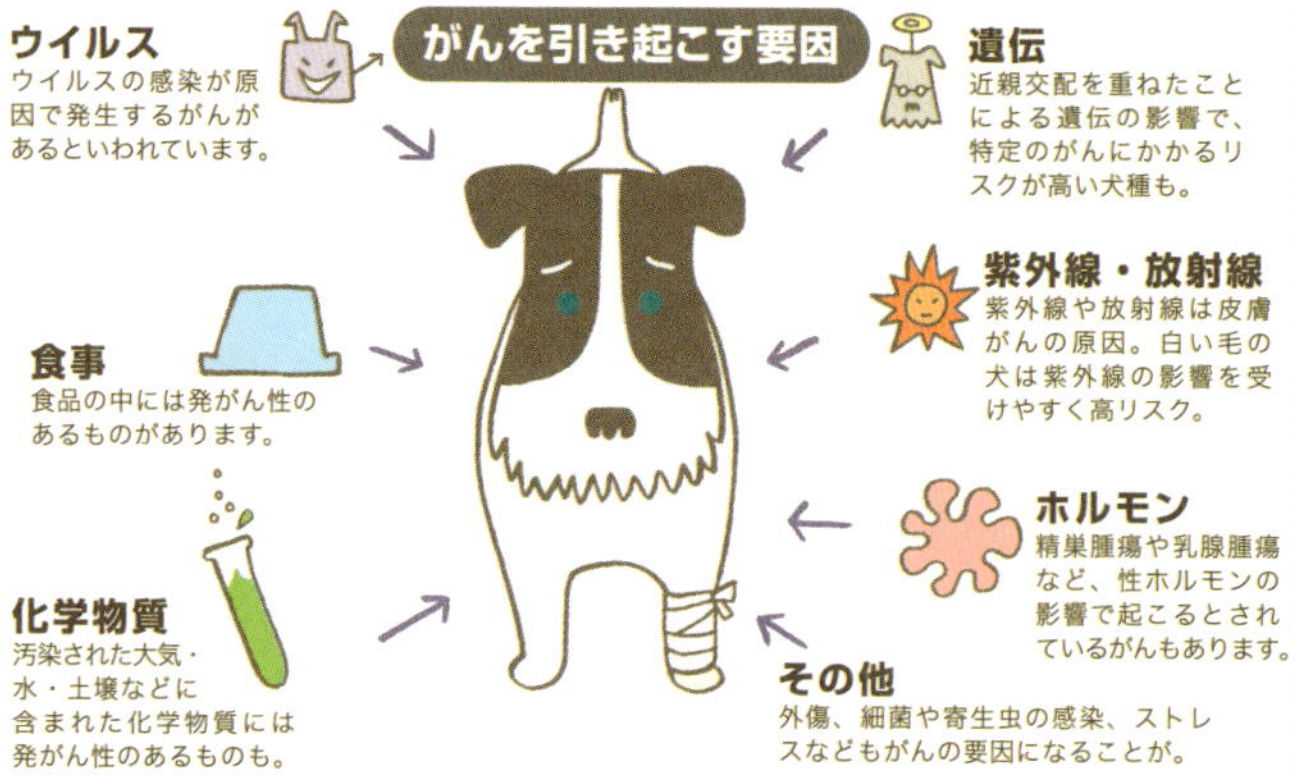
がんを引き起こす要因
ウイルス
ウイルスの感染が原因で発生するがんがあるといわれています。
遺伝
近親交配を重ねたことによる遺伝の影響で、特定のがんにかかるリスクが高い犬種も。
紫外線・放射線
紫外線や放射線は皮膚がんの原因。白い毛の犬は紫外線の影響を受けやすく高リスク。
食事
食品の中には発がん性のあるものがあります。
ホルモン
精巣腫瘍や乳腺腫瘍など、性ホルモンの影響で起こるとされているがんもあります。
化学物質
汚染された大気・水・土壌などに含まれた化学物質には発がん性のあるものも。
その他
外傷、細菌や寄生虫の感染、ストレスなどもがんの要因になることが。

口腔腫瘍（こうくうしゅよう）

歯ぐきや舌、のど、口の中の粘膜にできる腫瘍。口の中にしこりができる、食べにくそうにする、口臭、よだれ、出血などの症状が出ます。

肛門周囲腺腫（こうもんしゅういせんしゅ）

肛門の周囲にある分泌腺に発生する腫瘍。肛門周囲の毛の生えていない部分に、小さなイボ状のものや大きな塊などがみられます。雄性ホルモンの影響で起きるため、去勢していないオスに圧倒的に多い腫瘍です。

こんなサインがあったら注意！

- しこりができる
- 下痢・血便・血尿
- 食欲がなくなる
- 息が臭い
- よだれが多い
- 息があらくなる
- 元気がない

老犬がかかりやすい病気

骨・関節の病気

骨の脆弱化《ぜいじゃくか》や消耗が変形を招きトラブルのもとに

年をとると骨はもろくなり、関節の軟骨もすり減ってきます。筋肉やじん帯が衰えたり、肥満になったりすることで関節への負担が増えて、障害が出てきます。また、脊椎が変形すると中の神経を圧迫し、痛みや麻痺などの症状を起こします。骨や関節の変形は、老化のほか、遺伝や事故などでも起きます。

骨・関節の病気を予防するポイントは、普段の運動で筋力をつけること、肥満していたら運動してやせること、骨に必要な栄養をしっかり摂ることです。

動きたがらない、足をかばう、立ち上がるときにもたつくなど、痛みが出ているサインや足腰の動きが悪くなってきたサインを発見したら、ムリに運動させずに、獣医師の指導に従いましょう。

老犬がかかりやすい骨・関節の病気

骨粗しょう症
（こつそしょうしょう）

骨密度が減少してスカスカになり、もろくなる病気。ちょっとした動きや衝撃でも骨折しやすくなります。カルシウムや代謝に必要なコンドロイチンなどの栄養不足、ホルモンの影響、運動不足などが原因で起きます。

変形性脊椎症
（へんけいせいせきついしょう）

椎間板の老化で椎骨の間隔が狭くなると、不安定になった背骨を支えようとして、椎骨に「骨棘（こつきょく）」というとげができます。このとげが飛び出して脊髄を圧迫するために、椎間板ヘルニアと同じような症状が起きます。

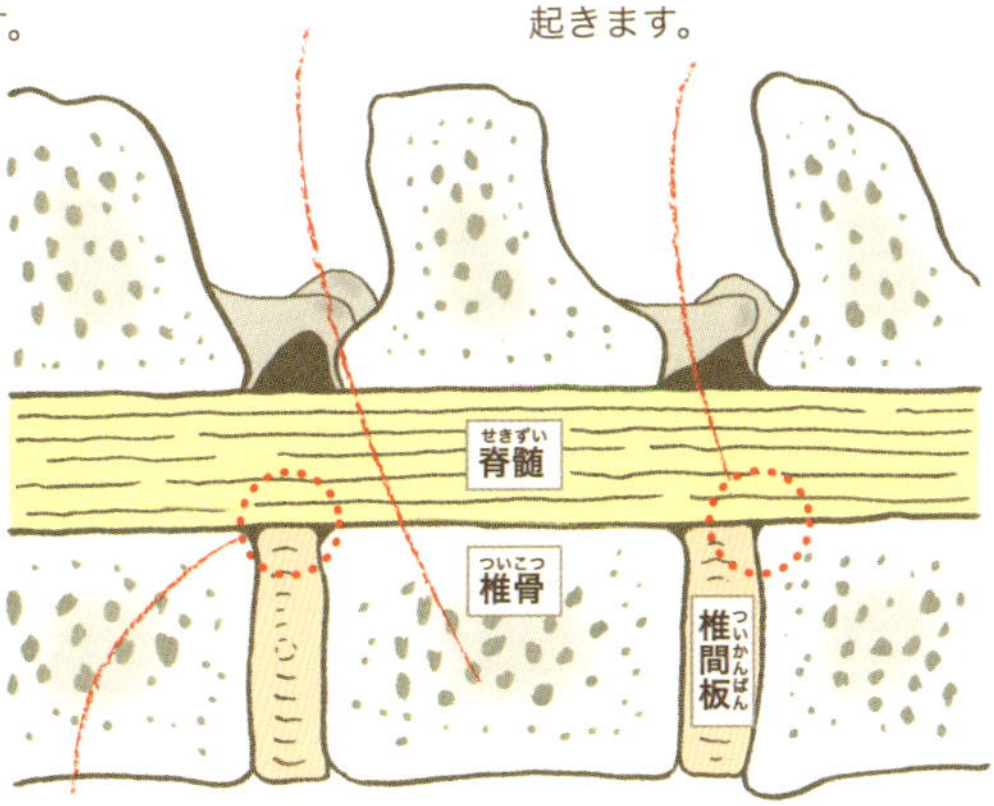

椎間板ヘルニア（ついかんばんへるにあ）

背骨はたくさんの椎骨でできていて、椎骨と椎骨の間にはクッションの役割をする椎間板があります。椎間板ヘルニアは、老化で椎間板がずれたり、損傷したりして椎間板の中身が飛び出し、脊髄の中を通っている神経を圧迫して痛みが起こる病気。この神経は体の各部分の運動機能を支配しているため、圧迫箇所によってさまざまな麻痺症状が出ます。

こんなサインがあったら注意！

- 動きたがらない
- 足を痛そうにかばう
- 触られるのを嫌がる
- 立ち上がるときにもたつく

循環器の病気

器官の変形や弾力の低下が原因になります

肺・気管と心臓・血管は、体内に酸素を供給し二酸化炭素を排出するシステムにかかわっている器官です。したがって、肺の病気でも心臓の病気でも、呼吸が速いなど同じような症状がみられたり、心臓の不具合が肺にまで影響を及ぼしたりすることがあります。

老犬は、皮膚と同様に気管や血管も弾力がなくなってくるため、空気や血液の通りが悪くなり、心臓の働きそのものも衰えてきます。また、気管や血管、弁などが変形してしまうことが、さまざまな病気の原因になります。

肥満は危険度をアップさせるので、これをさけることも予防になります。肺や気管支を保護するには、暑さ寒さ、湿度の調節を心がけましょう。

老犬がかかりやすい循環器の病気

気管虚脱（きかんきょだつ）

気管が押しつぶされて偏平になり、空気の通り道が狭くなる病気。せきをしたり、苦しそうに息をするなどの症状が出ます。特に、体温調節のために呼吸が速くなる夏場は、症状が出やすくなります。

僧帽弁閉鎖不全症

（そうぼうべんへいさふぜんしょう）

僧帽弁が組織の老化などのために変形して、しっかり閉じなくなって起こる病気。血液が肺へと逆流するため、血液の循環が悪くなり、心臓の肥大や肺のうっ血を招きます。小型犬に多く、せきや呼吸困難などの症状が特徴です。

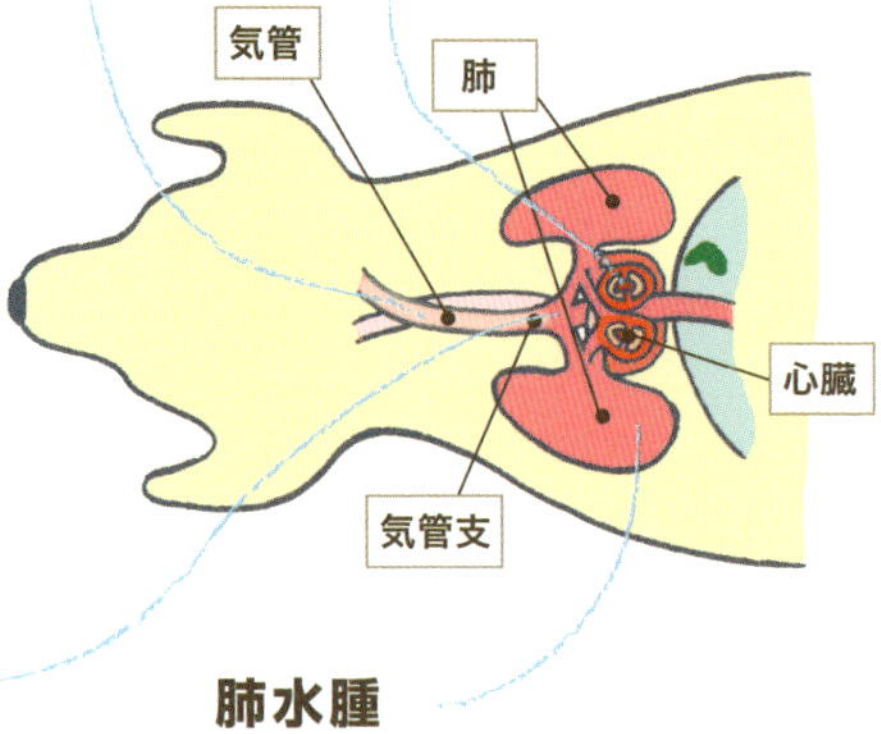

気管支炎

（きかんしえん）

ウイルスや細菌の感染、異物の誤飲、寄生虫、慢性の心臓疾患の影響などが原因で、気管支が炎症を起こします。せきを何回も繰り返し、のどに触られるのを嫌がることもあります。

肺水腫

（はいすいしゅ）

肺の組織の中に体液がたまり、酸素と二酸化炭素の交換がうまくできなくなる病気。心臓疾患や気管支炎などの影響で起き、運動後のせきから始まり、安静中も浅い呼吸をする、せき込むなどの症状が出ます。

こんなサインがあったら注意！

- 少し動くと息があがる
- 運動を嫌がる
- せきをする
- 呼吸が速い
- 苦しそうに息をする
- 歯ぐきを押すとピンク色になかなか戻らない

老犬がかかりやすい病気

消化器の病気

消化・吸収や解毒の機能が衰える

消化器官には、食べ物の通り道である食道、胃、小腸、大腸などのほか、栄養の分解に必要な消化液を出す肝臓、胆のう、膵臓などがあります。

老犬になると、胃や腸などの内臓の動きがにぶくなってくることや、消化に必要な酵素の分泌が悪くなることから、消化・吸収の機能が衰え、胃にガスがたまりやすくなります。また、肝臓では体内の毒素を分解して無毒化する働きもしていますが、この働きが老化で衰えると、毒素をすばやく分解できなくなって、全身に影響が出ます。

日頃からP024、025の排せつ物チェックを行うとともに健康診断で肝機能などの状態を把握して、消化しやすい食事にするなどの配慮をしましょう。

老犬がかかりやすい消化器の病気

胃拡張症候群（いかくちょうしょうこうぐん）

内容物がないのに胃がふくらんだ状態を胃拡張といいます。老化にともない消化機能が落ちて胃の中にガスがたまること、胃の弾力が落ちて消化後に胃が元のサイズに戻りにくくなることが原因。緊急な治療が必要です。

膵炎（すいえん）

膵臓には、膵臓から分泌される酵素から膵臓自身を守る機能があります。この機能が失われると、酵素によって膵臓やほかの組織にも障害が起きて、腹膜炎、ショック、脱水などの症状が出ます。肥満犬はリスクが高まります。

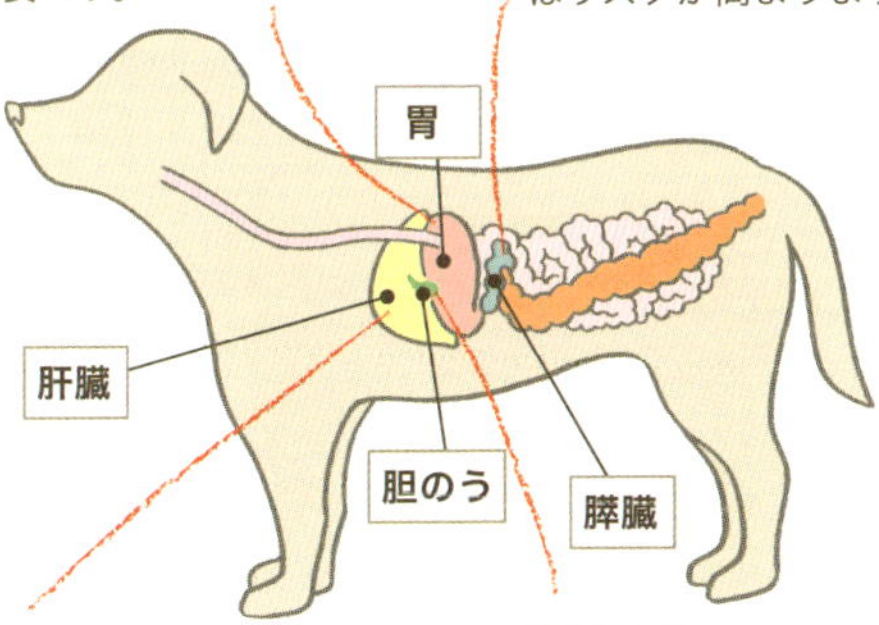

慢性肝炎（まんせいかんえん）

肝臓が炎症を起こし、それが慢性化したもの。初期は食欲不振や元気がなくなるなどの症状が出て、悪化するとオレンジ色のオシッコが出るなどの症状が出ます。肝臓に負担をかける食生活を長期間続けていることが原因でかかることも。

胆泥症（たんでいしょう）

胆のうの中にたまっている胆汁が、ドロッとしたタール状になる病気です。軽い場合は、食事療法と内科治療で治りますが、重症化すると胆管閉塞や胆のう破裂などを起こし、緊急手術が必要になります。

こんなサインがあったら注意！

- 胃がふくれて苦しがる
- 元気がなく、食欲が減退
- 下痢・嘔吐
- オシッコがオレンジ色になる

泌尿器の病気

臓器が劣化し排尿機能が衰える

腎臓、輸尿管、膀胱、尿道を泌尿器といいます。泌尿器は、体内の血液から不要な老廃物を取り除いて、オシッコとして体外に出す働きをしています。

　年をとると腎臓のろ過システムが劣化し、老廃物が取り除けなくなることがあります。また、膀胱を収縮させる筋肉の衰えや排尿の感覚がにぶることが原因で、排尿困難や頻尿になることもあります。免疫力の低下で、泌尿器には細菌による感染症が起きやすく、慢性化しがちです。

　泌尿器の病気はそのサインがつかみにくく、気づいたときは重症化していることもあります。普段からオシッコの回数、量、色に注意を払うとともに、定期的に血液検査や尿検査を受けて、チェックしてもらいましょう。

老犬がかかりやすい泌尿器の病気

慢性腎炎（まんせいじんえん）

老化や病気で腎臓のろ過システムが壊れ、その壊れた部分が増えてくると腎臓の機能が低下し、正常なオシッコがつくれなくなることから起こります。オシッコにたんぱく質が出たり、血中のたんぱく質の濃度が薄くなったりします。

膀胱炎（ぼうこうえん）

膀胱に炎症が起きる病気で、ほとんどは尿道から入った細菌が原因。免疫力の低下でかかりやすくなり、水の多飲、オシッコの回数が増えるなどの症状が出ます。メスに多く、慢性化しやすいので徹底した治療が必要です。

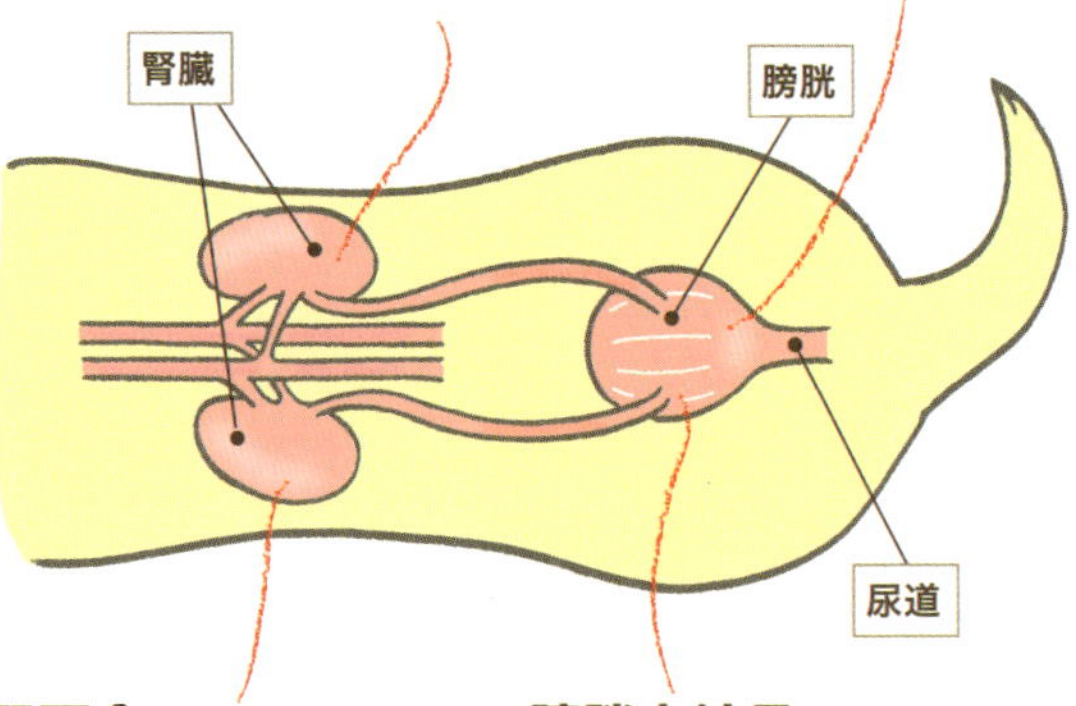

慢性腎不全（まんせいじんふぜん）

腎炎などの病気によって、腎臓のろ過システムがゆっくり壊れていき、腎臓が働かなくなる症状を指します。排尿はあり、急性のように嘔吐などのはっきりした症状は少ないため、気づいたときにはかなり進行しています。

膀胱内結晶（ぼうこうないけっしょう）

オシッコの中に結石のもとをつくる病気。細菌感染などでオシッコがアルカリ性になると、結晶ができやすくなります。老犬の場合、細菌感染が原因の膀胱炎になりやすく、その結果、膀胱内結晶もよくみられます。

こんなサインがあったら注意！

- オシッコの回数が増える
- オシッコの量が増える
- うまく排尿できない
- 失禁する

生殖器の病気

ホルモンバランスの変化が病気の引き金に

メスは卵巣、子宮、膣、オスは精巣（こう丸）、陰茎、前立腺を生殖器といいます。老犬になると生殖器の働きが低下し、性ホルモンのバランスが崩れてきます。免疫力の低下も重なって、細菌に感染しやすくなっているため、病気にもかかりやすくなります。また、生殖器には腫瘍もできやすいので、注意が必要です。

メスの場合は、ガブ飲みと大量の排尿、オスの場合は、排便困難がみられたら、生殖器の病気を疑います。

生殖器の病気予防として、去勢・避妊手術がありますが、老犬の場合は体力面でリスクが高く、体に不具合が出てくる危険性もあります。またすでに手術を受けていても病気にかかることがあります。

老犬がかかりやすい生殖器の病気

オス

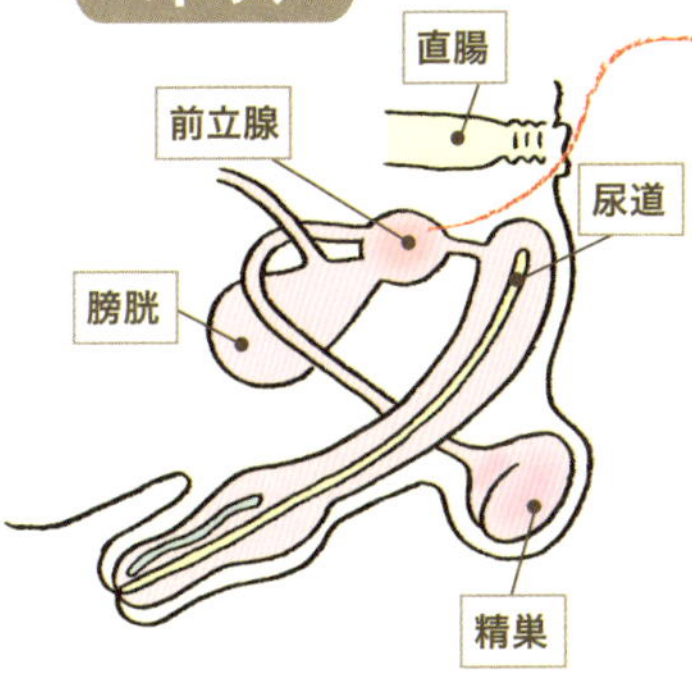

前立腺肥大
（ぜんりつせんひだい）

去勢していない老犬のオスの約半数は、雄性ホルモンの成分バランスの変化が原因で前立腺肥大に。肥大により周囲にある直腸や尿道などを圧迫し、便秘や排尿困難などの症状が出ます。去勢したオスが前立腺肥大の場合、前立腺がんの恐れが。

メス

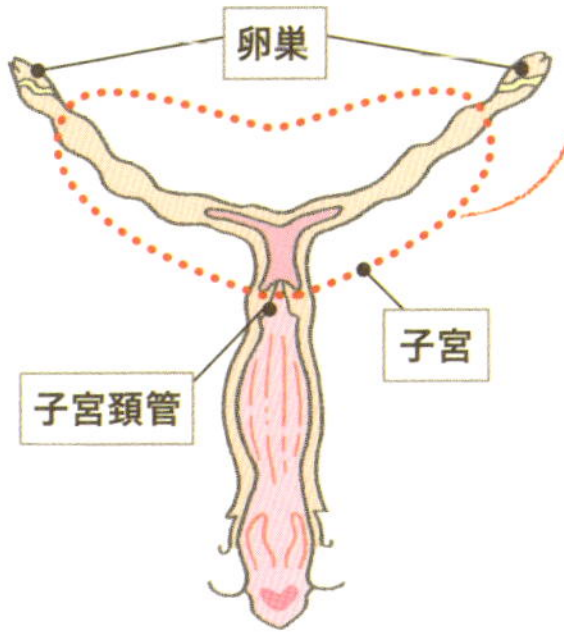

子宮蓄膿症
（しきゅうちくのうしょう）

子宮に膿がたまる病気。発情期後も卵巣からホルモンが出続けると、子宮頚管がゆるんで細菌に感染しやすくなり発病します。症状は、多飲多尿、発熱、嘔吐など。腎不全、腹膜炎になることも。早期発見を心がけましょう。

こんなサインがあったら注意！

オス
- ウンチが細くなる
- 排便時に痛がる
- オシッコが出にくくなる

メス
- 水をガブ飲みする
- オシッコの量が増える
- お腹が膨らむ

老犬がかかりやすい病気

ホルモンの病気

内分泌腺の老化が さまざまな不調を生む

ホルモンは内分泌腺と呼ばれる組織から分泌されています。おもな内分泌腺には、脳下垂体、甲状腺、上皮小体、膵臓、副腎などがあります。ホルモンは、血液の濃度や血糖値の調節、体温を保つ、代謝を助ける、感情をコントロールするなどの働きをしています。

内分泌腺の老化が進んだり、内分泌腺の働きを制御する器官に不具合が起きたりすると、ホルモン分泌の減少や過剰が起きて、水をたくさん飲んで大量のオシッコをする、食欲不振または過食、抜け毛が増える、性格の変化などの不調が現れてきます。単なる老化と放置すると生命にかかわってきますから、動物病院で受診して病気をコントロールする薬を処方してもらいましょう。

老犬がかかりやすいホルモンの病気

糖尿病（とうにょうびょう）

膵臓から分泌されるインスリンが不足し、糖分、たんぱく質、脂肪の代謝ができなくなり、体重減少、白内障などの症状が出ます。悪化すると嘔吐や下痢、昏睡状態になります。老犬は太りやすく、肥満になると糖尿病になりやすくなります。

副腎皮質機能亢進症
（ふくじんひしつきのうこうしんしょう）
／クッシング症候群

副腎から副腎皮質ホルモンが過剰に分泌されて、異常な食欲、大量に飲み大量に排尿する、脱毛、筋肉の萎縮などの症状が出ます。副腎や脳下垂体の腫瘍、ステロイド剤の副作用で起こります。老犬の場合、原因の多くは副腎皮質の腫瘍です。

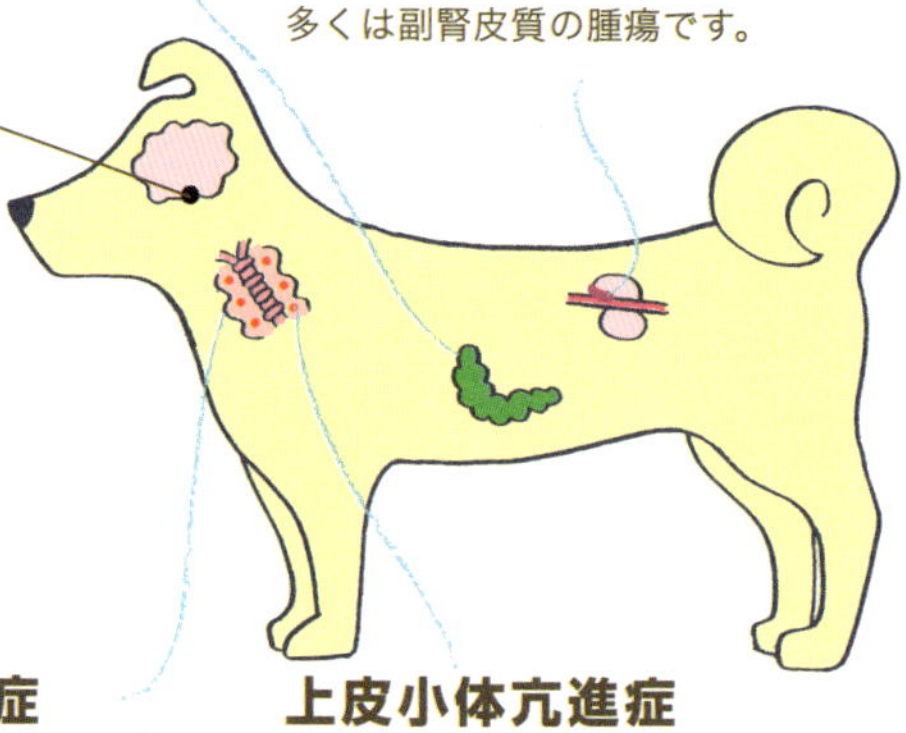

脳下垂体

ほかの内分泌腺の働きをコントロールする司令塔。そのため、たとえば副腎が正常でも副腎皮質機能亢進症になるなど、脳下垂体の衰えがさまざまなホルモンの病気を引き起こします。

甲状腺機能低下症
（こうじょうせんきのうていかしょう）

甲状腺の炎症や腫瘍、脳下垂体の腫瘍などが原因となって、甲状腺ホルモンが減少して起きる病気。エネルギー代謝ができなくなって、低体温、無気力、食欲不振、皮膚の乾燥、脱毛などの症状が出ます。

上皮小体亢進症
（じょうひしょうたいこうしんしょう）

上皮小体から上皮小体ホルモンが過剰に出る病気。骨からカルシウムが減り血液中のカルシウムが増えます。多飲多尿、食欲不振、骨がもろくなるなどの症状が出ます。老犬の場合の多くは、腎臓疾患にともなって起きます。

こんなサインがあったら注意！

- 毛が薄くなる
- 太りやすくなる
- 感情が不安定になる
- 水をよく飲む
- だるそう

老犬がかかりやすい病気

アレルギー

同じ食べ物が続くとアレルギーの原因に

人が大人になってから花粉症になるように、犬も高齢になってからアレルギー症状を起こすことがあります。アレルギー症状は、皮膚に触れたり体内に入ってきたりした無害な物質に対し、体の免疫システムが過剰に反応して攻撃をくわえて排除しようとすることで起きます。同じアレルゲンに何度も接していると、体がそれに対する抗体をつくるようになり、これまでは平気だったものでも、ある日を境に発症するのです。

予防するためにできる工夫は、同じ食べ物を与え続けないことです。金属の食器でも反応を起こすことがあるので、材質を変えるようにしましょう。またノミ、花粉などアレルゲンになるものは、愛犬の周囲から遠ざけましょう。

老犬のアレルギー症状とアレルゲン

花粉

スギやブタクサなどの花粉を吸引することによって起きます。人にとってのアレルゲンとされている花粉のほとんどが、老犬にとってもアレルゲンになりえます。花粉シーズンには愛犬の周囲から花粉を遠ざけましょう。

食器

意外に老犬に多く発症しているアレルゲンが、食器に使われている金属やプラスチックです。食器の材質を陶器やホーローなど、現在使っているものの材質を変えることで予防していきましょう。

食べ物

普段犬が口にするほとんどのものがアレルゲンとなりえます。特にアレルゲンになる危険性が高いのは、たんぱく質。犬のフードやおやつに鶏肉が使われることが多いためか、鶏肉のアレルギーが多くみられます。

アレルギー症状

食物アレルギーの症状は、嘔吐、下痢、腹痛、皮膚炎、涙目や鼻水など。アトピー性の皮膚炎では、耳や目のまわり、関節の内側、四肢の付け根の内側にかゆみがあり、なめたりかいたりします。皮膚を傷つけることもあります。

こんなサインがあったら注意！

- 皮膚に発疹ができる
- 体をかいたり、噛んだりする
- 毛が薄くなる
- くしゃみをする
- 涙や鼻水が出る

目の病気

老化や体の疾患が病気の原因に

犬の目はほこりなどで傷つきやすく、細菌感染を起こしがちな器官。老犬になると、若いころよりも代謝が衰えて、目へと運ばれる栄養素が少なくなってくるためいっそう炎症などのトラブルが起きやすくなります。炎症を見過ごすと重症化しやすいので、早期の治療が必要です。

また老化によって、水晶体のたんぱく質が変質しやすくなっていきます。そのために水晶体の中心部分の核が硬化して白濁する白内障などの病気が起こりやすくなります。糖尿病などほかの疾患の影響が目に現れることもあります。

老犬の場合、視力に問題が出てきても、老化で行動がにぶくなったと思い込んで発見が遅れがち。普段から愛犬の目の様子や視力を注意して見守りましょう。

老犬がかかりやすい目の病気

緑内障（りょくないしょう）

眼球を球に保つ働きがある房水が正常に流れなくなり、眼圧が上がるために視神経が影響を受けて視野が狭くなる病気です。進行すると失明します。瞳孔が開きっぱなしになって目が緑または赤っぽく見えるのが特徴です。

白内障（はくないしょう）

水晶体が白濁する病気です。老化などで水晶体の代謝が変化し、その結果たんぱく質が変質することが原因。外飼いで紫外線を多く浴びる環境では病気の進行が早まります。糖尿病などの合併症として起きる場合もあります。

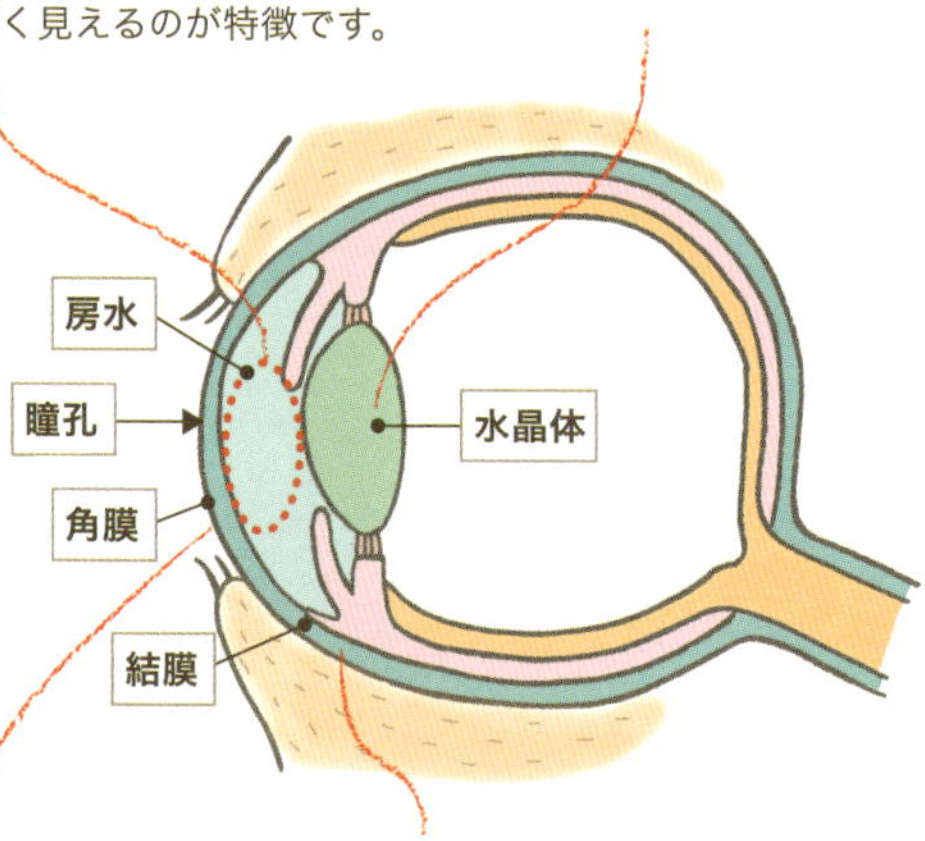

乾性角結膜炎／ドライアイ
（かんせいかくけつまくえん）

涙の分泌量の減少により、角膜や結膜が炎症を起こす病気。べっとりした目ヤニで目や目の周囲が汚れ、結膜の腫れや充血を起こします。慢性化すると角膜が広い範囲で黒ずみ、透明度を失い視力障害を起こします。

こんなサインがあったら注意！

- 歩いていて物にぶつかる
- 黒目が白っぽくなる
- 慣れない場所や暗いところを怖がる
- 目ヤニが増える

老犬がかかりやすい病気

歯・口の病気

歯石と歯垢の蓄積が歯周病の原因

老犬になると、約8割が歯肉炎や歯周炎といった歯周病にかかっているといわれています。これまでに歯にたまり続けた歯垢や歯石は、細菌のすみかとなって虫歯や歯周病の原因になります。

また、唾液の分泌が衰えた犬の場合は、口腔内の洗浄作用が落ちていっそう不衛生な状態になっています。

口の中にトラブルがあると、食事をきちんと摂ることができず、体力の低下を招きます。歯周病を放置すると、歯肉の血管から細菌が入り込み、腎臓や心臓、肺へと運ばれて悪影響を及ぼすこともあります。

P067でも紹介したとおり、食後の歯磨きが予防になります。定期的な健康診断を受け、愛犬の歯や歯肉の状態がよくない場合は、麻酔をかけて歯石を除去することも考えてみてください。

老犬がかかりやすい歯・口の病気

歯肉炎（しにくえん）

歯周病の初期症状。歯石や歯垢の細菌が歯と歯肉の間に入り込んで、歯肉に炎症を起こします。もともとはピンク色の歯肉が変色し、腫れたところから出血しやすくなります。この段階で適切な処置をすれば治ります。

歯周炎（ししゅうえん）

歯肉炎が進行した状態。膿が出てきて口臭がきつくなり、歯と歯肉の間の溝が深くなります。歯を支える歯槽骨が溶け始めると歯がぐらつくように。血管に細菌が入り込むと、全身に運ばれ内臓にまで影響が出ます。

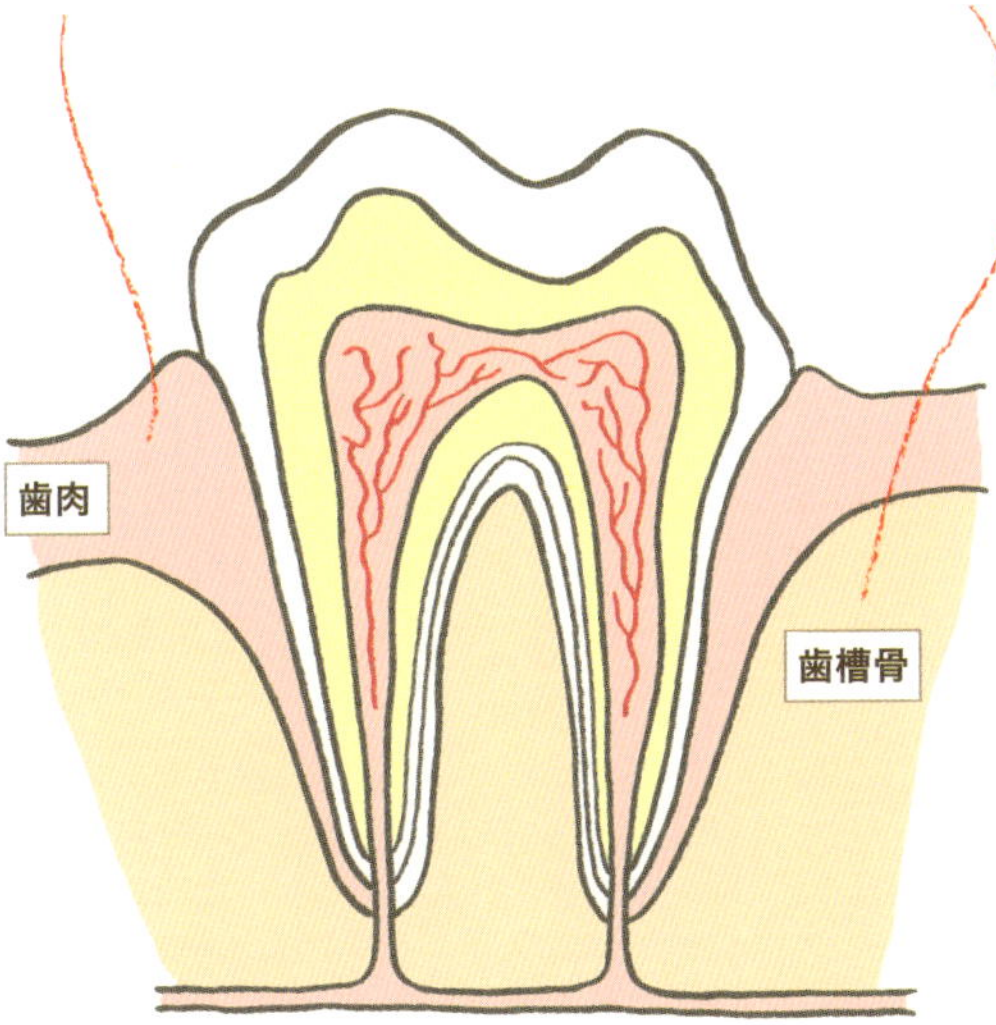

こんなサインがあったら注意！

- きつい口臭がある
- 歯がグラグラする、抜ける
- 食事に時間がかかる
- 固いものを食べなくなる
- 歯が長く見える

免疫力の低下が皮膚疾患を起こす

免疫力や新陳代謝が低下する老犬は、皮膚病にかかりやすくなります。特に注意したい症状は、脱毛や、皮膚が赤みや黒みを帯びる、かゆがる、膿が出るなどです。

皮膚病といってもその原因はさまざま。老犬の場合は、寄生虫や真菌が引き起こす皮膚病や甲状腺機能低下症、副腎皮質機能亢進症（P168参照）などホルモンの病気の影響で起こるものが多くみられます。症状が現れたら、皮膚を刺激する熱いお湯での入浴はさけ、ぬるめのお湯を使うなどの配慮が必要になってきます。

予防のポイントは、皮膚を清潔に保つこと。シャンプーやブラッシングを心がけ、ノミ、ダニなどを寄生させないよう予防薬を使用することも大切です。

老犬がかかりやすい皮膚の病気

皮膚真菌症
（ひふしんきんしょう）

真菌とは糸状菌や酵母菌のこと。皮膚の角質層や毛、爪で真菌が増殖すると、脱毛やフケなどの症状が出ます。耳などの粘膜で増殖した酵母菌はかゆみや褐色の汚れを生じ、炎症を起こします。酵母菌は皮膚炎の患部にも増殖します。

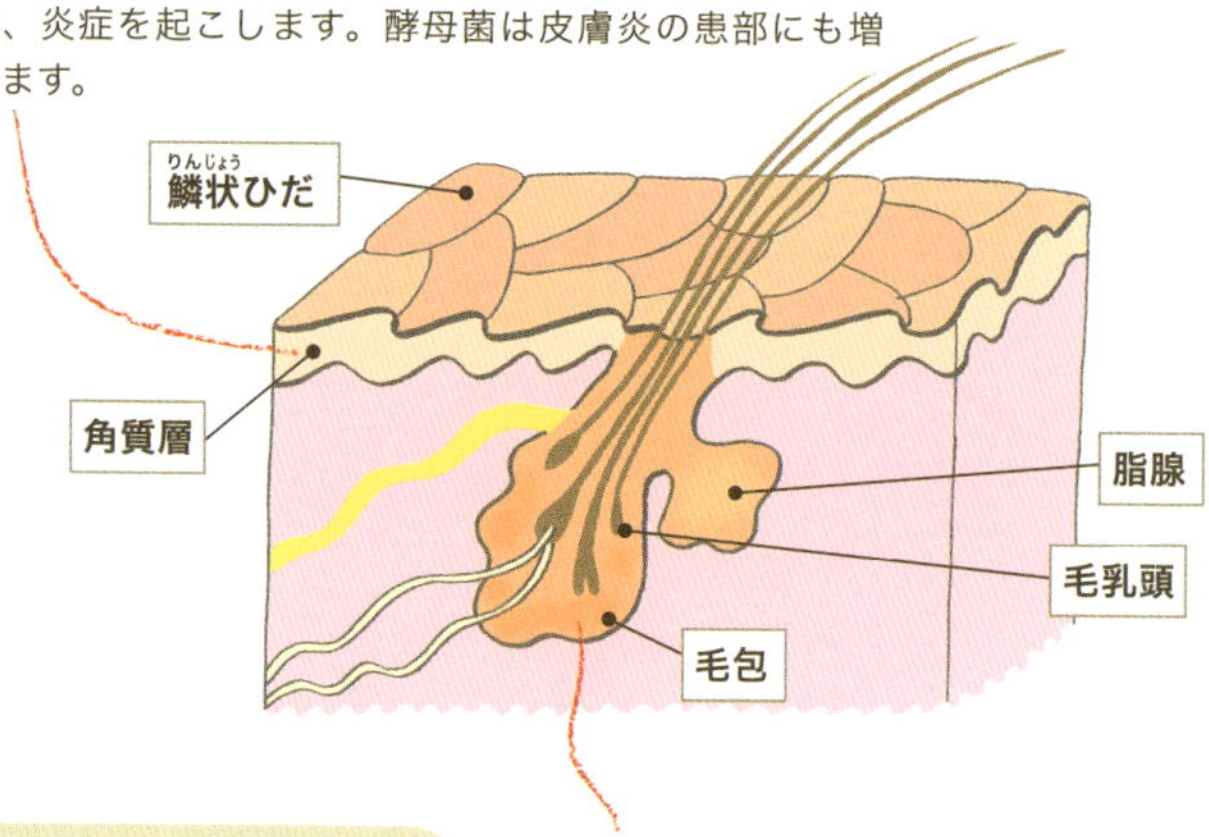

皮膚の老化現象

老化によって脂腺の働きが衰えると皮膚は固くなって乾燥し、鱗状ひだがはがれてフケになります。また毛乳頭の老化は抜け毛の原因にも。老犬にフケが多かったり、抜け毛が増えたりするのはこのためです。

毛包虫症／アカラス
（もうほうちゅうしょう）

アカラスは毛穴の中に住む寄生虫。少数寄生しているうちは症状が出ませんが、免疫力や体力が低下すると、増殖して皮膚炎を起こします。甲状腺機能低下症、副腎皮質機能亢進症などの持病があるとかかりやすくなります。

こんなサインがあったら注意！

- 毛が薄くなる
- かゆみ
- フケ
- 皮膚の色が変わる

脳・神経・心の病気

神経細胞の衰えや不安・ストレスが原因のことも

犬の寿命が延びてくる一方、加齢にともなう認知障害（ボケ）を始めとする脳や神経、心の病気が増えてきています。老犬の脳は、神経細胞の活動が衰えてきて、神経の情報伝達速度が遅くなっています。脳の機能を支配するホルモンのドーパミンの生産量が落ちるのも、脳機能の低下の原因になっています。

こういった脳の老化が認知障害を招き、新しい環境や刺激に対応できなくなったり、変化を怖がるようになったりします。また、過去の記憶も欠落してくるため、精神的に不安定になりがちです。愛犬の行動を理解し、愛情をもって笑顔で受け入れてあげることが大切です。同時に脳を刺激して活発に働かせることで、脳の衰えを防ぎましょう。

老犬がかかりやすい脳・神経・心の病気

認知障害／ボケ（にんちしょうがい）

飼い主さんを認識できない、歩行中後退できない、夜鳴きなどの症状が出ます。脳の萎縮を起こしているケースもあります。治療法はまだありませんが、不安を鎮める、脳に働きかけるなどのケア（P134参照）で症状の改善がみられることもあります。

前庭障害（ぜんていしょうがい）

耳の奥にある前庭は、体の平衡を保つ働きをしています。この前庭に障害が起きると、脳幹などへの神経伝達がうまくいかず、嘔吐、斜頚《しゃけい》、まっすぐ歩けない、眼が左右に振れるなどの症状が突然現れます。適切な処置で元の状態に戻ります。

認知障害の犬の脳は…

夜鳴きなど、認知症状を起こした犬の脳をみると、脳重量が軽くなっているという特徴があります。また脳内血流量が減っている、脳内神経伝達物質のドーパミンや精神を安定させるセロトニンが減少しているなどの傾向もみられます。

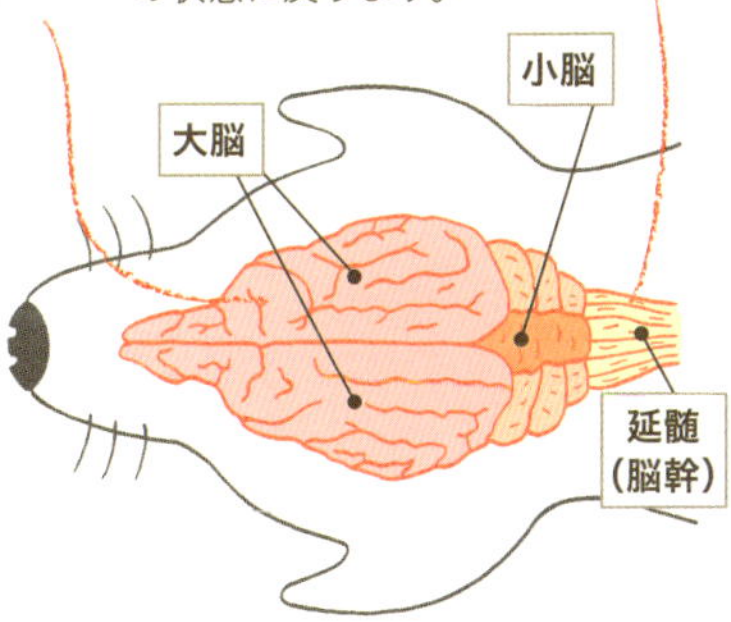

分離不安（ぶんりふあん）

飼い主さんがいなくなると、吠える、物を壊す、不適切な場所に排せつするなどの問題行動を引き起こす状態。飼い主さんに溺愛されていた場合、加齢とともに不安が増して、より飼い主さんへの依存度が高まるようです。

常同症（じょうどうしょう）

自分のしっぽを追いかける、病的に足の裏をなめるなど、意味のない行動をずっと繰り返す症状をいいます。不安やストレス、葛藤などが原因で起きるようです。運動や遊びでストレスをためない工夫が治療にも予防にも効果的。

こんなサインがあったら注意！

- 皮膚に発疹ができる
- 体をかいたり、噛んだりする
- 毛が薄くなる
- くしゃみをする

愛犬の死を迎えたら……

別れの儀式を心の区切りに

いつか訪れる愛犬の命を看取るとき。その喪失感や悲しみは大きいものです。それだけに愛犬の死を思うのはつらいことですが、悔いのないお別れができるよう、心の準備だけはしておきましょう。

別れの儀式は、愛犬の供養になるだけでなく、飼い主さんが愛犬の死の悲しみを乗り越えるきっかけにもなります。

愛犬の死

火葬を行うまでは自宅で遺体を管理します。遺体管理のポイントをおさえておきましょう。

屋内に安置してお手入れを

毛布やバスタオルの上に寝かせて屋内の風通しのいい場所に安置します。夏場であればドライアイスなどで遺体を冷やしましょう。火葬場への運搬をしやすくするため、死後硬直が始まる前に、遺体を段ボール箱などの燃える棺へ納めます。

火葬

火葬は地方自治体や民間業者で行っています。そのサービス内容や料金はさまざまなので、インターネット、市町村役場や獣医師などに問い合わせて事前に確認しておきましょう。

どちらを選ぶにしてもお骨を持ち帰れるかは必ず確認！

民間業者

地方自治体にお願いする場合にくらべ、費用が若干高めですが、いろいろな火葬スタイルが選べるのが民間業者の特徴。火葬車が自宅まで来て自宅で火葬してくれたり、人の火葬と同じように火葬のあとお骨を拾うことができたりと、じつにさまざまなスタイルがあります。また、火葬のあと僧侶による読経などのサービスがあるところも。

火葬するのが最近のベーシック

ひと昔前なら愛犬が亡くなると、自宅の庭に埋めるのが一般的でした。しかし、現在では住宅事情もあり、遺体は火葬にすることが多いようです。

愛犬が亡くなった際は、地方自治体などに「動物死体届出書」という書類を提出して、畜犬登録を抹消する手続きを忘れずに行いましょう。

納骨

火葬のあと骨を持ち帰ることができたら、納骨の場所も考えておきましょう。自宅以外に納骨する場合は左のような選択肢があります。

ペット霊園

「きちんと愛犬を埋葬したい」という飼い主さんたちに利用されているペット専用の霊園です。数が多いので、自宅近くのお参りしやすい場所を選べるのがメリット。また、境内の一角にペット専用納骨堂を設けていて、そこに納骨できるお寺もあります。

ペット可霊園

人と犬とを一緒に埋葬できるペットOKの霊園。以前は人と犬を一緒に埋葬することをタブー視する傾向がありましたが、ともに過ごした愛犬と埋葬されたいという飼い主さんの願いを実現する形で登場。その数も徐々に増えています。

地方自治体

電話をすれば、地方自治体などが管轄する公共施設で、遺体を火葬してくれます。自治体によっては清掃局、環境衛生局など管轄が異なります。また、ペット専用の焼却炉で火葬する、可燃ゴミとして焼却処分する、事故で亡くなって回収されたほかの動物と一緒に火葬するなど、遺体の扱いは自治体によってさまざまです。